からだと暮らしを整える
メソッド124

魔女の庭で見つけたハーブの魔法

ハーバルセラピスト
福間玲子

はじめに……ハーブの魔法で健やかで心豊かな暮らしを手に入れましょう

ここは、田舎でも都会でもない、埼玉県の住宅地。50年以上前、それまで転勤族だった私の父が、老後のためにと建てた家です。新築当時、私が住んだのはお嫁に行くまでの1年だけ。その家がまさか、私にとって終《つい》の住処《すみか》となるなんて、想像すらしませんでした。そのうえ、父が丹精した和庭をハーブガーデンに変え、普通の主婦だった私がハーブのメソッドを操つる「ハーブ魔女」を名乗っているのですから、人生もまた魔法のように摩訶《まか》不思議です。

私は、現在77歳。実は、かつては体があまり丈夫ではありませんでした。しかし、母の介護をきっかけにメディカルハーブの世界に飛び込み、ハーブ魔女道を極めていくうち、気がつけば、もう何年も病院通いとは無縁で過ごせています。私だけでなく、10代から80代の家族がみな健やかでいられるのは、365日ハーブの恩恵に浴しているからだと信じてやみません。

ハーブの魔法とは、心身を健康にし、心豊かに暮らすための方法です。あなたもその魔法を活用して、ハーブ魔女になってみませんか？　なにせ魔法ですから、空気を浄化し、呪いをはねのけ幸運を引き寄せるなんて朝飯前。アンチエイジング効果も広く知られるところです。舌鼓が鳴りやまないハーブメニュー、ティーやスイーツで、〝口福〟もお約束しましょう。いずれも決して難しくはありません。それほど時間もお金もかかりませんから、どうぞご安心を。

さあ。40年前に私が開けたハーブ界の扉を、あなたもその手で押し開けてください。「ハーブ魔女が魔法を会得するたび、その家族の笑顔が増える」。この一番の秘術を、ご一緒に体験いたしましょう。

ハーブ魔女こと福間玲子

魔女の庭
ようこそ私の「Witch's Garden」に！

ハーブ魔女の庭の名は「Witch's Garden(魔女の庭)」。ここでハーブを育てたり、ガーデニングに汗したり、お茶をいただいたり、コンサートを催したり……。暮らしの中心に存在する場所です。

Herb ～わが家になくてはならないもの

Witch's Gardenは、ハーブに加え草花や果樹、ツル性の植物などを混植しています。「こんなところにハーブが！」と見つけるのが楽しいから。初夏ともなると、庭をひと回りするだけでバスケット一杯にハーブを収穫できますよ。

DIY ～古い和庭をリガーデン！

よくゲストに驚かれますが、以前ここは本格的な和庭でした。しかし庭石を移動し、レンガの造作やパーゴラを設置し、せっせとハーブ苗を植え付けていき……どんどん庭が魔女の庭化していくワクワク感ときたら！

Mini garden ～家のあちこちにある小さなお庭

メインガーデン以外にも植栽スペースがあるんです。２階のベランダでは、洗濯物と仲よく共存。キッチンの窓から手が届くところに棚をしつらえ、ミニキッチンガーデンも。さらに、家の外壁だってグリーンがいっぱい！

Gardening ～オリジナル腐葉土作りも！

私はガーデニング魔女も兼務しており、一年じゅう大忙し。冬は庭じゅうの枯れ葉をかき集め、腐葉土を作るのが恒例行事です。春先に庭にすき込めば、ハーブたちが喜んで育ちます。その姿を想像しながら、お茶でもいかが？

お花屋さんごっこ

通常モード

厳かなクリスマス

ハッピーハロウィン！

Garage garden ～イベンドごとにモードチェンジ

自宅でコンテナ教室を開くようになって、ガレージは駐車場として使うのをやめ、教室兼フリースペースにしました。以前に行っていたオープンガーデンの際には、花屋さんに変身。ハロウィンやクリスマスが近づくと、はりきってデコレーションします。

まさに緑滴る〝魔女の庭〟。
木漏れ日の下でいただくハーブティーは格別！

ハーブ魔女　主なメソッド

ハーブ魔女の白魔術テク
スマッジング　13
ウイッチボトル　14
愛を呼ぶサシェ　15
魔よけのサシェ　15
アロマストーン　16
魔女ブローチ　18

ハーブ魔女流・アンチエイジング
デトックスソープ　19
シミ対策ロールオン　20
シミ・シワ用クレイパック　21
口臭予防のハーブ歯磨き　22
記憶力維持のためのハーブティー　23
疲れた目にごほうびアイパック　24

ちょっとした不調に
風邪　48／花粉症　49
夏バテ　50／冷え性　51
胃のトラブル　52／肩こり・腰痛　53
女性ホルモンの乱れ　54／気うつ　55

毎日の清潔習慣
ハーブの手指消毒液　56／マウスウォッシュ　57
マスクスプレー　58

家でも外でもハーブの香り
携帯用サシェ　61／クローゼット用サシェ　61
モイストポプリ　62／シトラスポプリ　63／ハーブピロー　64

サニタリー＆バスの常備品
ハーブバスブーケ　65／ハーブソープ　66
バスボム　68／バスソルト　68
トイレの消臭・消毒・殺菌スプレー　69／万能ハーブクリーナー　70

ハーブ魔女特製ハーブティー＆ドリンク
夏色！　ブルーのハーブティー　79
誰もが大好き！　ミント＆レモンバーベナ　79
ハイビスカスとローズヒップの抗酸化レッドコンビ！　79
やさしさに癒やされるジャーマンカモミール＋エルダーフラワー　79
何度見ても不思議！　サプライズティー　80
ハーブのうんちくもお茶のお供に　80
スパイシーなハロウィン用ホットワイン　81
一見イチゴミルクな大人のハーブティー　81

ハーブ＆ヘルシー素材のスイーツ
琥珀糖　83／ハーブのグラノーラバー　84
ハーブ魔女風モール村のクルミケーキ　85
ハーブのクリスタライズド　86／スペルト小麦のナッツマウンテン　88
コーディアル　90／ジャム　90
ハーブケーキ　92／ミントシロップ　92

ハーブクッキング！

ローズビネガーたっぷりのライスサラダ 96
エルブドプロヴァンスの香るスパニッシュオムレツ 96
3分でできるサイドメニュー インゲンとアンチョビのハーブソテー 97
ティータイムのお供にも最適 カモミールスコーン 97
バジルとミント風味の鶏唐揚げ 98
デビルドエッグ 98
ネトルとシソのふりかけおにぎり 98
フルーツカップ withミントシロップ 98
ローズのハーブビネガー 100
ハーブオイル3種 100
ハーブソルト 4種 100
ハーブバター 101
ブロッコリーとコンキリエのあったかスープ 104
ヒルデガルト風白身魚のパピヨット 104

季節の魔女テク

日焼けのケアに！ ラベンダーローション 109
日焼けを鎮める美白パック 109
クレヨンキャンドルの作り方 112
魔女の大晦日の掟① キャンドル 112
魔女の大晦日の掟② 魔界からの道しるべ 113
魔女の大晦日の掟③ キッチンウイッチのほうき 114
魔女の大晦日の掟④ ソウルケーキ 114
魔女の大晦日の掟⑤ パンプキンメニュー 115

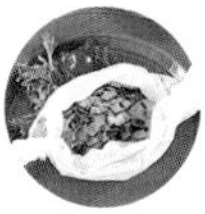

●本書をひも解かれる前に

ハーブ魔女から お話ししておきたいこと

本書の「ハーブの魔法」のベースになったものは、古くから続く薬草学の教え、メディカルハーブの理論、そして実際に私の家で日々行っているハーブ活用法です。ただし、これらのメソッドを暮らしに取り入れるには、いくつか事前にお話ししたいことがあります。ぜひご一読ください。

(1) 既往症のある方、傷病治療中の方、妊娠中の方、授乳中の方、特定の植物にアレルギー症状の出る方、体質に不安のある方は、ハーブの利用に先立ち、かかりつけの医師にご相談ください。また、ハーブは一部の例外を除き、原則として乳児には用いず、幼児は半量にしてご使用ください。

(2) ヘルスケアやハウスキープ、マジカルなメソッドや、8章の「おススメのハーブ」などにはハーブに期待する効果・効能を書き添えました。しかし、これらは病気治癒や体質改善、呪術的効果などを保証するものではありません。

(3) 食用に利用するハーブやエディブルフラワーは、食用として販売されているもの、もしくはご家庭で無農薬(もしくは低農薬)栽培により育てられたもの用いましょう。園芸店の花を食用にするのは避けてください。

著者である私自身もそうですが、ハーブをどのように活用するかは「自己責任」です。そのことを前提に、本書をご活用ください。

目次

はじめに――2

ようこそ私の「Witch's Garden」へ!――4

Method 1
Herb & Witch
私の名刺代わりに魔女の本領を発揮いたします。ハーブの魔法をごらんあれ!――11

Method 2
Herb & My life
遅くなりましたが自己紹介。住宅街の片隅で、ハーブ魔女を40年ばかりやっております――25

Method 3
Medical Herb
さあ本格的に魔女修業のスタートです。健康と若さのために薬草学を学びましょ――41

Method 4
Herb & Living
ハーブを暮らしに生かす方法。香りと効能で日々を豊かに!――59

Method 5
Herb Teatime
ゲストに喜ばれること必至のティータイム術。ハーブ魔女のたしなみのひとつです――71

Method 6
Herb Cooking
ハーブ料理は老若男女の食欲をそそるマジカルクッキングなんです!――93

Method 7
Herb Calendar
春・夏・秋・冬。魔女ならではの四季の楽しみ方をお教えします――105

Method 8
Green Pharmacy
最後に魔女の薬箱に必ずあるおススメのハーブ16種をご紹介!――119

Method

1

Herb & Witch

私の名刺代わりに魔女の本領を発揮いたします。
ハーブの魔法をごらんあれ！

願いをかなえ、魔を近づけない。そしてアンチエイジング……。ハーブ魔女の得意技です

かつて魔女は、人々から尊敬と畏怖、両方のまなざしで見つめられた時代がありました。その要因は、魔女たちが愛を得たり、邪悪なものを遠ざけたりなど、願いをかなえるためにハーブや神秘なるものの力を借りる術《すべ》を知っていたこと。そして、ハーブを暮らしに取り入れることで、年老いても健やかで、パワフルだったことへの驚きによるのでしょう。

それら魔女たちが古《いにしえ》から培ってきた、とっておきの秘伝をあなたにお伝えしましょう。特にアンチエイジング術は、77歳の私自身が実践しているもので、効果のほどは実証済みですよ。

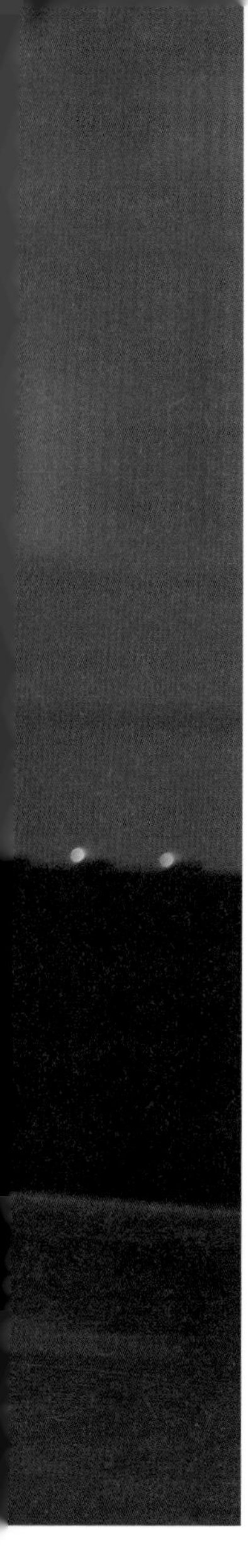

ハーブ魔女の白魔術テク①

スマッジング

ネイティブアメリカンの英知
聖なるハーブで場を浄める方法

スマッジングの「スマッジ（smudge）」は燻《いぶ》すこと。
ハーブを燻し、空気を浄めます。
用いるのは、カリフォルニアの広大な大地に自生するホワイトセージ。
「聖なるハーブ」としてホワイトセージをあがめていた
アメリカの先住民族であるネイティブアメリカンにとって
スマッジングは母なる地球とつながる大切な習慣でした。
そして、ハーブ魔女にとっても……。

材料　ドライのホワイトセージ（浄化）適量、貝殻など耐火性の受け皿。　**行い方**　**1**スマッジングする場所を、きれいに片づける。**2**ドライのホワイトセージに火をつけ、煙が立ち昇るのを待つ。**3**煙の向かう方向を見定める。煙が進む先や、煙が動かないところに邪気がある可能性があるので、その場所を浄めるとよい。まっすぐ煙が昇っていく場合は、特に問題ない。ドライのホワイトセージに火をつけると、受け皿が非常に熱くなるため、受け皿の下や周囲に燃えやすいものがないか注意。また、しっかり火が消えるまで、目を離さないこと。

ハーブ魔女の白魔術テク②

ウイッチボトル

いわれのない恨みから
身を守る魔法の小瓶

相手の汚い手段の象徴であるさびた釘
魔よけ効果に優れた水晶やハーブ
そして自分自身の髪の毛……
これらを小瓶に入れて、月のパワーを注入したのが
ウイッチボトル（魔女の瓶）です。
これを身に着ければ、いわれのない他者の呪いから
自分の身を守れることでしょう。

恐ろしい
負のパワーを
はねのける！

材料（１本分） 岩塩適量、さびた釘１本、自分の髪の毛数本、水晶のかけら。ドライハーブのローリエ（浄化）、ブラックペパー（魔よけ）、セージ（汚れをはらう）、クローブ（魔よけ）、トウガラシ（邪気を鎮める）適量、お好みの密閉できる瓶。

作り方 **1**新月から満月の期間に、すべての材料を月光浴させて浄化する。**2**「私を守ってくれる！」と念じながら、すべての材料を瓶に詰める。**3**どこにでも携帯し、常に身に着けていること。

ハーブ魔女の白魔術テク③④

愛を呼ぶサシェ／魔よけのサシェ

幸せを招き、不幸せは遠ざける
ハーブにはそんな力もあります

私が作るサシェはクローゼットに吊るす（61ページ）など暮らしの実用品のほかに
あなたをよりハッピーにするためのものも！
大好きなあの人を振り向かせたいときには
愛情を全力サポートするブレンドを。魔よけ用には
強力なパワーを持つハーブを選りすぐりました。

愛を呼ぶサシェ

材料（１個分） ドライのローズ（愛のハーブ）、ラベンダー（恋愛を引き寄せる）、ジャスミン（愛情）、ペパーミント（魔よけと清浄）、セージ（守護）、ローズゼラニウム（感情を高める）を各小さじ１。精油のダマスクローズ、ゼラニウム（愛情）各１滴。お茶パック１枚。そのほか布袋（縦15㎝×横12㎝）とリボン30㎝。

作り方 「愛を呼ぶサシェ」「魔よけのサシェ」ともに、各種ドライハーブを混ぜ、そこに精油を垂らしてなじませ、お茶パックに封入したのち、布袋に入れてリボンを結ぶ。

魔よけのサシェ

材料（１個分） ドライのネトル（破邪）、ローズマリー（悪魔はらい）、ディル（守護）、オレンジ（幸運）、安息香（浄化）各小さじ１。精油のローズマリー、スイートオレンジ、フランキンセンス（悪魔はらい）各１滴。お茶パック１枚。そのほか布袋（縦12㎝×横10㎝）とリボン30㎝。

ハーブ魔女の白魔術テク⑤

アロマストーン

心に問いかけるリーディングで「私のための逸品」に仕上がります

特製アロマストーンは香りとともに
ハーブのパワーを得られるアイテム。用いるドライハーブは
「今、いちばん心ひかれるもの」をあなた自身が選んでください。
きっとあなたを見守り、心豊かな暮らしをサポートしてくれるでしょう。

Witch's Voice

心に問いかける
リーディングが
大切です

まず、「リーディング」を行います。いくつかのハーブから直感で一種選ぶことで、体や心の状態が浮かび上がるのです。

アロマストーンの真ん中に選んだハーブを置き、アレンジをしていけば、心が整理できると同時に、オリジナルのパワーストーンができ上ります。

・**カレンデュラ**……予知、超能力
・**カモミール**……安眠、金運
・**スミレ**……愛情、恋占い
・**フェンネル**……浄化、治療
・**ブルーマロー**……守護、悪魔はらい
・**ミモザ**……愛情、予知
・**ユーカリ**……治癒、守護
・**ラベンダー**……睡眠、長寿
・**ローズ**……愛情、幸運
・**ローズヒップ**……誠実、正義感
・**ローズマリー**……精神力、若さ
など。

材料（名刺サイズのシリコン型数個分） 石こうパウダー50g、水20mℓ、好みの精油10滴。好みのドライハーブやドライフラワー数種、シリコン型。

作り方 **1**リーディングを行い、用いるハーブを決定する。**2**ボウルなどに石こうパウダーと好みの精油を入れ、よくかき混ぜる。**3**少しずつ水を入れながら、さらに３分ほど攪拌《かくはん》。**4** **3**をシリコン型に流し入れる。**5** **1**で選んだハーブや、飾りのドライフラワーなどをピンセットでつまみ、石こう液に少しだけ沈めるようにして配置する。**1**のハーブをメインにしてデザインするのがポイント。**6**数時間、乾かす。**7**好きな場所に飾る。

ハーブ魔女の白魔術テク⑥

魔女ブローチ

かわいい天然素材のブローチに
月の力を秘めさせて……

こちらもウイッチボトル（14ページ）同様
新月と満月の間にすべての材料を月光浴させて
しっかり浄化させるのがポイントです。
このほうきは、邪気をはらってくれます。
キッチンを守ってくれる
「キッチンウイッチ」（114ページ）のほうきも
同じ方法で作れますよ。

材料（1本分） マウンテンミント（守護）の枝7cm、ドライのタイム（浄化）20本ぐらい。麻ひも15cm、カーネリアンなど赤色の天然石（生命力アップ）、安全ピン1個。グルーガンや接着剤など。

作り方 **1**新月と満月の間にすべての材料を月光浴させ、浄化する。**2**マウンテンミントの枝の端から2cmのところに、束にしたタイムを麻ひもで5〜6回巻き付けてちょう結びする。**3**タイムの先をほうき状にカット。**4** **2**でちょう結びした上の部分に、赤い石をグルーガンや接着剤で固定。**5** **4**の裏側に、グルーガンや接着剤で安全ピンを付ける。

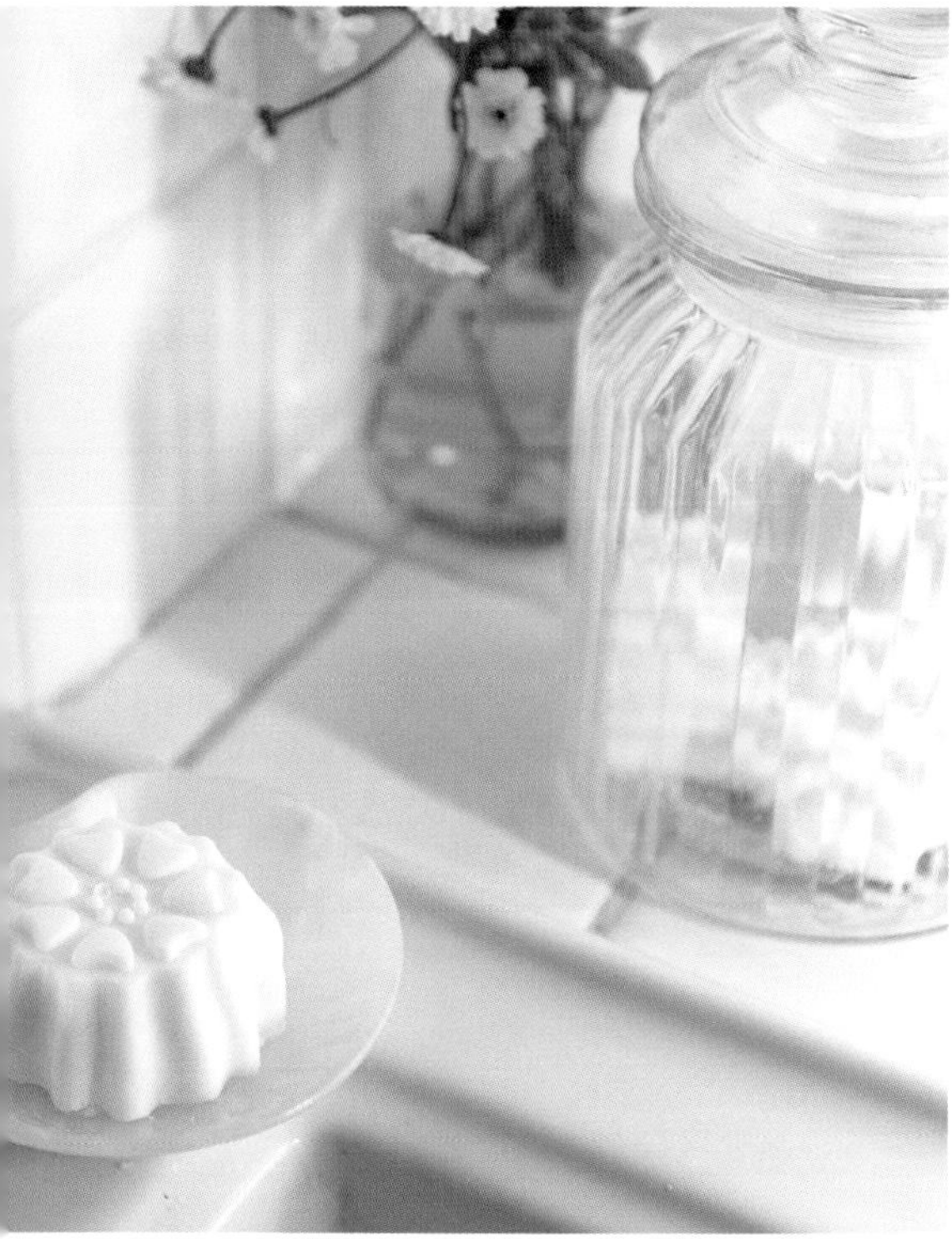

材料（4〜5個分） MPソープ（石けん素地）200g、レッドクレイ（老廃物除去・パック効果）小さじ1、カレンデュラ（収れん・殺菌）オイル小さじ1、ダマスクローズ（乾燥肌対策）の精油1滴。そのほかソープのシリコン型。

作り方 1耐熱容器にMPソープを入れ、電子レンジの500ワットで2分30秒を目安に、沸騰しないように溶かす。2 **1**にレッドクレイを少しずつ入れてよく混ぜる。3 **2**にカレンデュラオイルと精油を入れ、さらに撹拌《かくはん》する。4 **3**をシリコン型に流し入れる。5数時間後、固まったら型から出し、さらに1日乾燥させたら完成。

ハーブ魔女流・アンチエイジング①

デトックスソープ

クレイ+ハーブの力で
老廃物や加齢臭をオフ！

年齢を重ねるといわゆる「加齢臭」に悩まされる方も多いのではないでしょうか。このソープは70代&80代である私たち夫婦の愛用品。夫が「おじいちゃん臭くない」と評判なのはこのソープもひと役買っているようです。

Witch's Point

「肌の番人」こと
カレンデュラオイルの作り方

ドライのカレンデュラを瓶の8分目まで入れ、エキストラバージンオイルなどの植物油を瓶の口まで注ぐ。日の当たる暖かい所で約2週間、太陽の恵みをいただく。ガーゼでカレンデュラをこしてオイルのみにし、常温保存(約半年)。

ハーブ魔女流・アンチエイジング②

シミ対策ロールオン

貴重な天然の植物油・アルガンオイルとハーブが強力タッグ！

年を重ねると、自然に現れてくるシミ。その対策としてアンチエイジング効果で有名なアルガンオイルに、香りと薬効に富む精油を加えお休み前のお手入れにピッタリのロールオンに仕上げました。

材料（7㎖のロールオンボトル1本分） アルガンオイル（保湿・肌の活性化）7㎖、ベルガモット（抗菌・リラックス）の精油7滴、ラベンダー（スキンケア）の精油2滴、ロールオンボトル。

作り方 **1**ビーカーにアルガンオイルを入れ、各精油を滴下。**2**よく混ぜボトルに移す。日の当たらない涼しい所に保管し1か月以内に使用。※ベルガモットの精油には光感作（皮膚につけて日に当たるとアレルギーを起こすことも）があるため、就寝前に使うとよい。

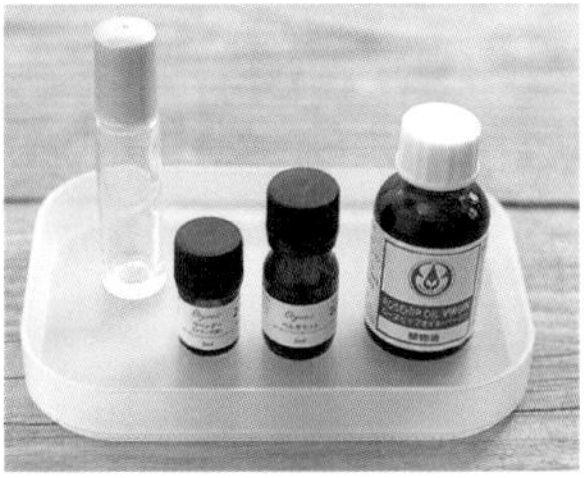

Witch's Point

アルガンオイルって何？

アルガンオイルは、北アフリカのモロッコ産のアルガンツリーの実から採れる天然オイル。高濃度オレイン酸やビタミンEが豊富なのが特徴で、アンチエイジングの強い味方に！

ハーブ魔女流・アンチエイジング③

シミ・シワ用クレイパック

その都度作るパック。
パック後のしっとり感をぜひ体験して！

自然由来の素材をミックスして
シミ・シワの改善をサポートするパックに。
特に注目すべきは、ローズウオーターです。
美肌効果や肌の弾力性を取り戻す力など
さまざまなシミ・シワへのアプローチが
期待できますよ。

作り置きは×
使うたびごと
作ること！

材料（1回分） クレイ（「モンモリオナイト」など・クレンジング）大さじ2、ローズウオーター（アンチエイジング）大さじ1、マカデミアナッツオイル（抗酸化）小さじ1、ゼラニウム（スキンケア）の精油2滴。

Witch's Voice

顔にのばせる
くらいの
柔らかさにして

作り方 **1**クレイに少しずつローズウォーターを入れて混ぜ、ペースト状に。**2**ペースト状になったらオイルと精油を入れて混ぜればパックのでき上がり。**3**顔や首にパックを塗り、完全に乾く前に洗い流す。その後、クリームなどでしっかり保湿を。

ハーブ魔女流・アンチエイジング④

口臭予防のハーブ歯磨き

病みつきになる
さっぱり&スッキリの使用感！

いつまでも元気で
すてきな老婦人・老紳士でいたいもの。
そのためには、口臭対策も必須です。
塩の引き締め効果とともに
クレイのクレンジング力。
そこにペパーミントとセージが
スッキリさわやかなお口にしてくれます。

メントールといえば
ペパーミント！

材料（約1か月分） 塩大さじ2、クレイ大さじ2、ドライのペパーミント（香り・抗菌）とセージ（口腔ケア）各大さじ1。

作り方 **1**コーヒーミルなどにすべての材料を入れ、細かく粉砕する。**2**密閉できる容器で常温保存し、1回ごとに適量を小皿に取って使用する。

Witch's Voice

爽快な使用感が
クセになること
請け合いです

材料（1人分） ローズマリー（脳の血流改善）、ギンコウ（イチョウ・老化防止）、ペパーミント（爽快感）レモンバーベナ（リラックス・疲労回復）を少量ずつ合わせて、全部で大さじ1弱に。※ハーブティーのいれ方は74ページ参照。

ハーブ魔女流・アンチエイジング⑤

記憶力維持のためのハーブティー

茂りすぎたハーブの有効活用にもうってつけ！

年を重ねるごとに「あれ、何だったっけ？」と忘れっぽくなるものです。
でも、あきらめてはいけません！
ハーブの力を借りて脳の底力をアップさせ記憶力の維持に努めましょう。

Witch's Point

ギンコウ(イチョウ)はすごい！

世界最古の樹木のひとつにあげられるイチョウ。昔の中国の王宮では、老化防止の秘薬だったとか。現在もさまざまな研究機関で、イチョウの有用性が探られています。

ハーブ魔女流・アンチエイジング⑥

疲れた目にごほうびアイパック

リモートワークやスマホの見過ぎによる
目の疲れにも効果的

「最近、目がしょぼしょぼして……年のせい？」
なんて、目をこすることが増えたなら
アイパックで目をスッキリさせましょう。
老化による目の衰えや眼精疲労にアプローチ。
目がぱっちりと開いて、生き生きと若々しく！
冷たいほどスッキリ度が増すので
コットンに吸わせるとき氷を入れるのもいいですよ。

Witch's Voice

カレンデュラの別名
「ポットマリーゴールド」
の「ポット」は
鍋のこと

暑い季節は
氷でよりクールに
するとGOOD！

材料と作り方　**1**ローズ（眼精疲労の緩和）とカレンデュラ（眼を守るルテインが豊富）のドライを各小さじ１と熱湯50㎖で、２～３回分に（３日以内に使い切る）。**2**ボウルにハーブと熱湯を入れて５分抽出し、冷蔵庫で保管。化粧用コットンに吸わせ、軽く絞って数分間、目に当てる。

Method

2

Herb & My life

遅くなりましたが自己紹介。住宅街の片隅でハーブ魔女を40年ばかりやっております

病や副作用に苦しむ母を少しでも楽に……
その思いからたどり着いた「メディカルハーブ」の世界

ハーブ魔女になる前。私は両親の住む実家の隣駅に居を構え、夫と娘二人の暮らしを支える主婦でした。そのうえ、実家に通いながら病を得ていた父母のサポートもあり、毎日忙しく立ち働いていました。その後、父が亡くなり、重病の母一人が残されたため、一家で実家に引っ越しすることに。１９８４年、母は61歳、私は36歳。娘たちは小学生と中学生でした。

母は寝たり起きたり、入院したりと病状は一進一退。日々、介護をしながら私が最も気になったのは、強い薬によって母の肝臓の数値がとても悪かったこと。持病だけでも大変なのに、なんとかならないものか……。

さまざまな文献や情報集めに奔走しているうち、足が止まったのが「メディカルハーブ」という耳慣れない世界の扉の前。古代から連綿とつながる薬草の英知に、強くひかれたのです。

亡き父が植えた樹齢50年を超える梅は、メインガーデンの「Witch's Garden」のシンボルツリー。母の介護の日々を見守り、私の孫息子が幼いころは木登りの相手になり、静かにわが家の歴史に寄り添ってくれました。ちなみに梅も立派なメディカルハーブ。食中毒や日射病、水あたりに効くとされ、『梅は三毒を断つ』という言葉もあります。

24年にわたる自宅介護中のごほうびは、母が許してくれた１年に10日のお休み。喜び勇んで、海外に一人旅へ。50歳でダイビングを始めてからは、毎年、南太平洋のダイビングスポットに行っていました。旅先で記念に指抜きを買ってくるのが習慣になって。知人や親戚からいただいたものも含めて、200個ほどのコレクションになりました。

学べば学ぶほど面白く、深く！メディカルハーブの成果か、母の病状も好転

１９８０～90年代、メディカルハーブはほとんど学ぶ場所がありませんでした。なにせ、日本メディカルハーブ協会が法人格となったのが２００６年、ハーブ関連グッズの販売の老舗「生活の木」のハーブガーデン「薬香草園」の前身である「ハーバルライフカレッジ」のオープンが１９９６年です。ハーブといってもクラフトやティーが中心で、メディカル分野はまだまだ充実していませんでした。

ともかく私は、メディカルハーブの本を探し出しては精読。教えてくれる方がいると聞けば、介護のすき間を縫って通っていました。そして、２００2年にカナディアンハーバルセラピストの資格を取得。マッサージや有機野菜とハーブたっぷりの食事で母をサポートしたんです。結果、母の肝臓の数値が激的に改善！お医者さまも驚かれ、母に「何かしましたか?」と質問なさって。母は「ママ（私のこと）が、草ばっかり食べさせるんです」。噴き出してしまいました。

ハーブの蔵書は、和洋を含めて200冊くらい。アメリカの薬用植物学者・デューク博士の『デューク グリーンファーマシィ』は、2002年の出版当時、8000円と高額でした。買う決心がつかない私に、「あなたの役に立つなら買ってあげるわよ」と母が購入してくれて。以来、英国ハーブソサエティが編者の『メディカルハーブ』（写真の一番下）とともに私のバイブルです。

メディカルやクッキングにハーブを活用するだけでなく、インドアグリーンとしても活用するのがハーブ魔女の流儀。プクプクと丸みを帯びたボリジの葉の後ろには、スッキリと線画を描くフェンネルの葉。

ドライハーブはメディカルハーブに欠かせない素材。常に50種余りを常備しています。料理に使うものは別の棚にあるので、全部で100瓶くらいでしょうか。ハーブとブレンドする精油は医療棚一杯にストック。

介護をスムーズにしたい！ 私好みの空間にしたい！ だからリノベしました

父が建てた実家は、ちょっとモダンな昭和風で洋間中心。和室は、2室のみの建物でした。母の居室を1階最奥の和室に定め、様子をいつも見られるように、斜め向かいにあるキッチンまでの仕切りを撤去。トイレも近くにし、お風呂はバリアフリーにと、介護しやすいようにリフォームしました。

でも、それだけじゃつまらない！ ハーブやお花の似合う部屋にしたい！ そこで、大工さんにはさまざまなリクエストを出しました。「すてきなガラスを見つけたから、これを組み込んで建具を作ってほしい」「庭がよく見えるように、外国製の建材を入れて」などなど。時には絵に描いて説明したけれど、大工さんは目を白黒させていましたっけ。

母が85歳で亡くなった後は、母の和室も洋室に変身。ハーブやハンギング教室の生徒さんに「ここは元和室なのよ」と話すと、びっくりされたものです。

リビングの窓は、よくある掃き出し窓でした。そこにあえて下壁を付け、緩やかにカーブを描く格子窓に。庭がよく見えるから、カーテンは付けていないんです。左のステンドグラスは、仕切り壁に設置してもらって室内窓のしつらえに。

母の寝起きした、元・船底天井の和室。天袋付きの押入れはふすまを木製扉に替え、明かりはシンプルなペンダントライトに。柱を除き、天井まで真っ白に塗って、和のイメージを刷新。大工さん曰く「天井を白に塗ってもいいんだね」。

ある日、すてきな外国製のノブを見つけた私は、よくお願いする大工さんに相談しました。「このノブが似合う玄関ドアを作りたい！」。製作所を見つけてもらって見事、大願成就。わが家を訪うゲストは多いのですが、玄関ドアにまでそんな逸話があるとは露知らず……です。

元・和庭を夫とともにリガーデン
ガレージも〝第二のガーデン〟にしちゃいました

花や野菜、果樹を育てるのが大好きだった、亡くなった父の愛した元の庭は、枯山水も組み込んだ本格的な和庭でした。家の中を洋風にしつらえていきつつ、庭も〝ハーブ魔女〟仕様に。名付けて、「Witch's Garden〜魔女の庭」です。古木の梅や椿など、一部の植栽を除いて、端から端まで大改造。パーゴラやアーチを作って、ツルバラや山ブドウを伝わせ、念願のハーブガーデンも！大きな造作やレンガワークは夫が担当。私は庭の全体像を考え、どんどんハーブや草花を植えていったのです。毎年植え付けもしますが、宿根草やこぼれ種で芽吹くものも多く、春がいつも楽しみです。

また、母の病院への送迎のため、敷地内に必要だったガレージをガーデンスペースに作り替え。ここでハンギングやコンテナの教室を行うほか、オープンガーデンを催した際には、〝お花屋さんごっこ〟も満喫しました。

カーポートの屋根はそのまま生かし、全天候型のガレージガーデンに。カーポートの屋根は、設置当時、薄紫色がデフォルトで。販売店にお願いして透明なものに替えてもらったんです。ここで行ったお花屋さんごっこの様子は、6ページをごらんあれ。

植栽コーナーやレンガ敷き以外の場所には、バークチップを敷き詰めました。フカフカの感触が、ゲストに大好評。また2009年からガーデンコンサートも開催。知人を招き、演奏や絵本の読み語りなどで、毎年すごく盛り上がるんです！

Witch's Garden 見取り図

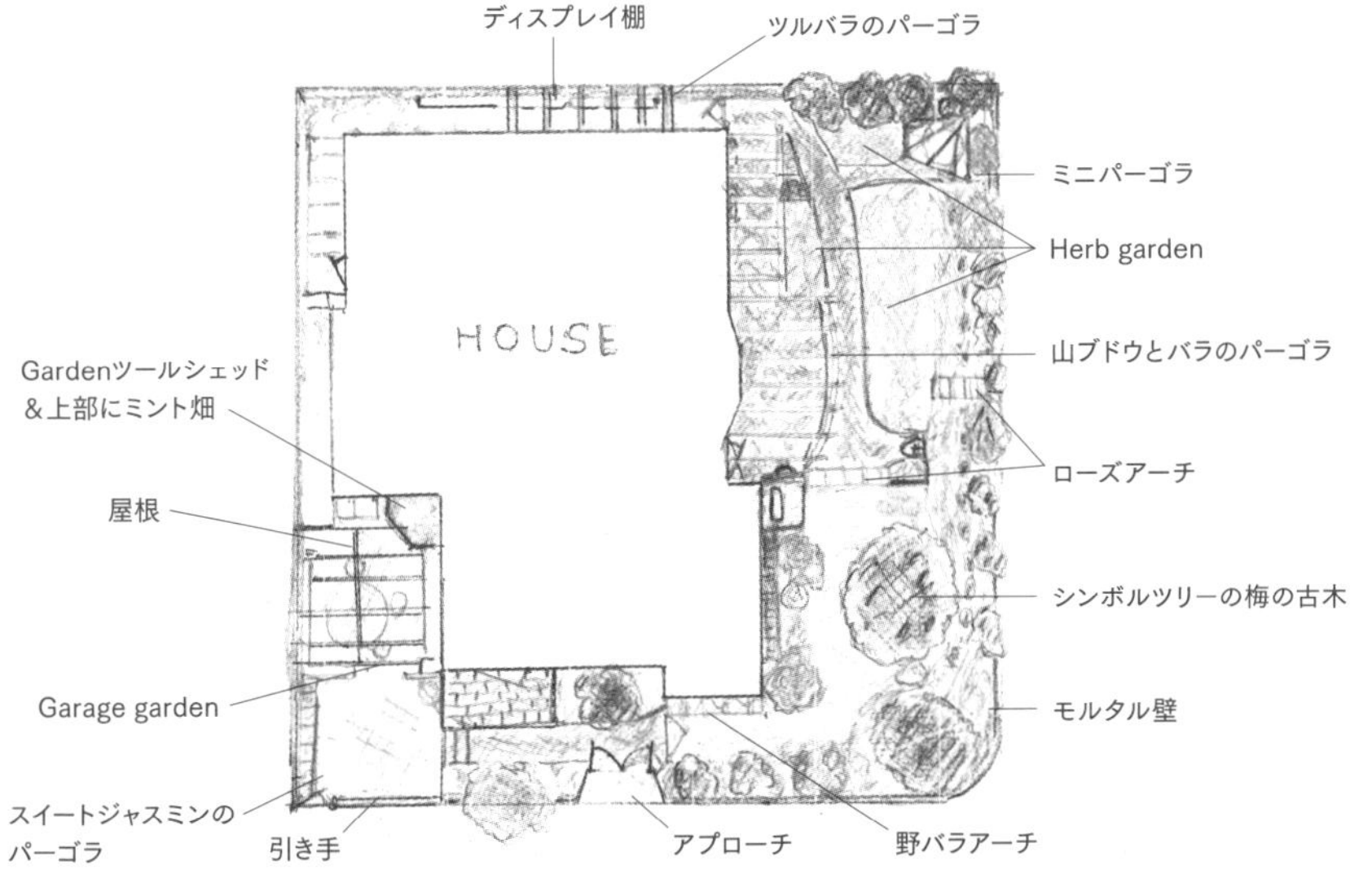
ディスプレイ棚
ツルバラのパーゴラ
ミニパーゴラ
Herb garden
山ブドウとバラのパーゴラ
ローズアーチ
シンボルツリーの梅の古木
モルタル壁
野バラアーチ
アプローチ
引き手
スイートジャスミンのパーゴラ
Garage garden
屋根
Gardenツールシェッド
&上部にミント畑
HOUSE

60歳から本格的に自宅教室を開催「家で教えること」にこだわったのには訳があります

２００７年に母が亡くなったとき、私は60歳でした。同時に、あんなに熱中したダイビングに、全然行く気にならなくなったんです。

そこで、前から細々と始めていた自宅でのハーブ教室を、本格的にスタート。かねてよりハーブ講座の主催者から、「教えてみませんか」とお誘いはあったのですが、心が動かなくて。きっちり机が並んだ「勉強するだけの場所」で、日々の生活に生かすハーブの話をするなんて、ピンとこず……。「うちではこうしていますよ」「こうすれば便利でしょ」と、暮らしの現場である「家庭」でひも解いてこそ、ハーブが実践的な学びになるのではないかと思ったんです。

生徒さんは口コミや、夫が作ってくれたホームページを介して、徐々に増えていきました。まじめなメディカルハーブ講座のほか、「ハーブとワインを楽しむ会」や、人のお庭づくりｅｔｃ、私の60代は楽しいことだらけでした。

2007年にスタートしたハーブ教室。今は、以前の生徒さんで、メディカルハーブの資格を取りたい方のみお教えしています。かつて教室だった部屋は、私のくつろぎの場になったり、ハーブの魔法の調合に使ったり。ちなみに、この部屋の名は「Basil Room」。この部屋の主だった、亡き愛猫バジルにちなんで命名しました。

Basil Roomの入り口ドアには、魔よけのガーランドを吊るしています。空気清浄効果のあるユーカリの若い枝に、ニゲラやバラ、アジサイの花をグルーガンで固定。その上にあるのが魔よけのサシェ（15ページ）。

中央のクラシカルなチェスト。よく「アンティークですか？」と尋ねられますが、「いいえ〜、娘のベビーだんすにペイントして、取っ手を取り替えただけ」と答えます。ハーブ魔女はリメイクの魔女でもある!?

娘から届く、アメリカのハーブやグッズの定期便。実は私、アメリカンなハーブ魔女なんです

私には二人、娘がおりますが、長女はアメリカで暮らしています。そこで私も、何度となくアメリカに足を運びましたが、いつも驚くのは「グリーンファーマシー」の素晴らしさと数の多さ！

日本でもそこここに漢方薬局があり、個々の不調を聞き取りし、症状に応じた漢方薬をすすめてくださいますね。「グリーンファーマシー」は、そのハーブ版です。ハーブセラピストに相談してブレンドしてもらったり、山積みされたハーブを自分で選んで量り売りしてもらったり。ちょっと大きなスーパーで、よくグリーンファーマシーを見かけます。

長女からは、そんなアメリカ直送のハーブやハーブ関連アイテム、ハーブやインテリアの雑誌を送ってもらいます。そしてクリスマスやハロウィンの時季に合わせて、アメリカからの定期便が到着するのもまた、楽しみのひとつです。

海を渡って届いたアメリカ版ハロウィングッズ。今なら100円ショップにもハイセンスなグッズがありますが、10数年前にはまったくなくて。近所のお子さんも呼んで、ハロウィンパーティーが盛り上がったのも、こうしたグッズのおかげでした。

『Country Living』『MARTHA STEWART Living』など、アメリカのミセス向け雑誌の数々。ハーブの記事で勉強したり、インテリアのハイセンスぶりにうなったり、料理の参考にしたり。英語は苦手ですが、パラパラめくるだけでワクワクします！

不純物がほとんど入っていないアロエジェル。最近はAmazonで手軽に入手できますが、以前はアメリカから送ってもらっていました。そのほか、インテリアや庭の飾りつけに使う幅広のリボンも、向こうは激安なので、送ってもらっています。

２ｍ以上の高さのクリスマスツリーも、伝統的なクリスマスオーナメント「グラスボール」も、アメリカからの渡来品。ハーブやホワイトインテリアが好きだから、ヨーロッパ系が好みではないかと言われるんですが……私は〝アメリカン〟なんです！

10代から80代まで。ハーブは家族全員に欠かせない生活必需品です

母のためにスタートしたハーバルライフは、もう40年余り。私もこの生活に入る前には、何かと病院のお世話になっていたのですが、今や病院に通うことはまれに。80代と70代の夫婦は、夜中にトイレに起きることもなく朝まで熟睡できます。コロナ禍の折に罹患《りかん》はしたものの、非常に軽症ですんだのは、もしかしたらハーブが助けてくれたからかもしれません。

孫息子にいたっては、娘のおなかにいるときから、へその緒を通してハーブの恩恵をいただいてきた、生粋の〝ハーバルボーイ〟。風邪を引いたらエキナセアチンキをグイッと飲み、のどのガラガラにはセージのティーでうがいをし、登校のとき持っていく水筒の中身は、特製ブレンドのハーブティーです。

もはやハーブは、わが家の生活必需品になりました。私たち一家は、これからもずっと、住宅街の片隅でハーブの香りを漂わせることでしょう。

Witch's Gardenからの収穫物。フェンネル、レモンバーム、ローズマリーなど盛りだくさん！　シーズンになると山盛り採れるけれど、でも一年を通じると、収穫分より購入するハーブのほうが多いんですよ。

ハーブティーは1人分、ドライハーブをひとつまみ。熱湯を注ぐのがコツ。多くの方が失敗するのは、ハーブの入れ過ぎですね。あと、中国茶や日本茶と違って、二煎目は厳禁ですよ！

庭で採れたリンデンや山ブドウは、ドライにして家族用のお茶に。リンデンはストレス緩和と老廃物の排出、山ブドウは滋養強壮や疲労回復効果が期待できます。夏はハト麦をプラス。ピッチャーに入れて冷蔵庫に常備しています。

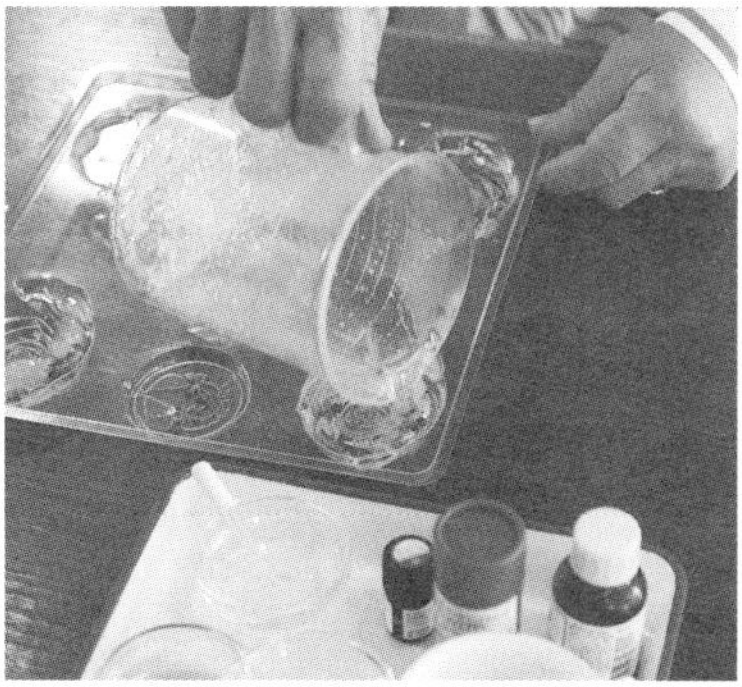

ハーブソープ作りは、大事な家事ルーティン。プレゼントにも喜ばれます。ローズティーを混ぜ込むから、バラの香りがとってもすてきなんです！　一度使ったら、クセになること請け合いですよ。詳しい作り方は66ページをごらんください。

WITCH'S COLUMN

1

「庭がないから」「狭いから」とあきらめる必要なし！

ハーブ魔女のコンパクト＆キュートなテクニック集

ハーブは、広い庭がなくても充分育ちます！
また、省スペースで、しかもかわいくハーブをストックできるテクニックも。
ぜひ参考になさってください。

ナスタチウムなど
エディブルフラワーを
入れると華やかに

ハーブは１鉢でもいいんです

庭ではなくても、日のさし込む窓辺でもちゃんと育ちます。６号鉢（直径18㎝）くらいの鉢が置けるなら、ハーブの寄せ植えにも挑戦してみましょう（107ページ参照）。多肥にせず、鉢土が乾いたら水やりをするくらいにしてくださいね。

キッチンに飾れば自然にドライ＆ストックスペースいらず

よく使うハーブは、収穫したらすぐに小さなリースやスワッグなどにして、キッチンに飾っています。新たな保管スペースが不要なうえ、料理中、ちょっと手をのばせば使えるので便利ですよ。

Method

3

Medical Herb

さあ本格的に魔女修業のスタートです。
健康と若さのために薬草学を学びましょ

最初に覚えるべき魔法は、とってもカンタン。ハーブチンキの作り方

ハーブの魔法を暮らしに生かすには、さまざまな手法があります。たとえば水やお湯に浸す「浸剤（インフュージョン・Infusion）」や、グツグツと煮出す「煎剤（デコクション・Decoction）」は、ハーブの水溶性の有効成分を溶かし出す方法です。「浸出油（インフューズドオイル・Infused Oil）」は、オイルに浸すことで脂溶性成分を抽出します。

私が特におすすめしたいのは、「チンキ（ティンクチャー・Tincture）」。アルコールを使い、水溶性と脂溶性、両方の成分が取り出せます。ちょっとした不調を改善し、清潔に気持ちよく過ごすために、わが家にはなくてはならないものです。しかも、ものの数分で仕込みが完了。家事や仕事に追われて時間のない方、不器用を自認なさる方、面倒なプロセスが苦手な方もぜひお試しを。材料と道具さえそろえば、どなたでも魔法が使えるようになります。

ハーブ魔女が常備するチンキ９種

1ラベンダーチンキ　2オレガノチンキ　3ローズチンキ
4ローズマリーチンキ　5フェンネルチンキ　6ローズヒップチンキ
7セージチンキ　8エキナセアチンキ　9カレンデュラチンキ

ラベンダー、ローズ、エキナセア、カレンデュラは花を、フェンネルとローズヒップは実を、オレガノ、ローズマリー、セージは葉を用います。このほかにもドクダミチンキ、ワイルドストロベリーのチンキなど、私の作るチンキは数知れず。そうそう、よく「生の花や葉じゃダメですか？」と尋ねられますが、生のハーブを使う場合、ドライの何倍もの量が必要です。なので私は、チンキにはドライのハーブを使って作る方法をおすすめしています。

Material&Method

仕込みはものの数分

チンキの作り方

ドライのハーブ（今回はセージ）10g。セージ10gは容量100mℓの瓶に対応した量。瓶の大きさで加減を。

ホワイトラム酒100mℓ。アルコール度数40度以上の蒸留酒なら、何でもけっこう。同じく瓶の大きさで量は調節。

100mℓ入るガラス瓶。事前に煮沸消毒する、無水エタノールを内部に噴射するなど、消毒をしっかりと。

1 瓶の口までセージを詰める。「ギュウギュウ詰めじゃなく、葉を壊さない程度に」
2 そこにラム酒を注ぎ入れる。「こちらも口のところまでたっぷりと」
3 浮かんできた葉は攪拌《かくはん》棒などで押し込んで、アルコールにしっかり浸す。「しっかりつからせないと、空気に触れた部分からカビが生えるので気をつけて」
4 ラベルにつけ込んだ日付と、２週間後の日付を書いて貼り付ける。
5 ２週間、冷暗所で熟成させる。ときどき、瓶をひっくり返してよく混ぜ合わせる。
6 ２週間後に清潔なざるやコーヒーフィルターを使ってこして、遮光瓶に詰め替え、冷暗所で保管。「うちでは冷蔵庫に入れています」

左から、作ったばかりのチンキ。中央は、２週間経過し、こす寸前のもの。右は、こしたばかりなのに、使う機会が多くもうなくなりつつあるチンキ。

「一つだけ、注意してほしいことがあります。なにせ使っているのはアルコール度数40度以上の蒸留酒！　お子さんやアルコールが体質に合わない方には、チンキの量の５倍以上の水で薄めたうえ、しっかり沸騰してアルコール分を抜いてから使いましょう」

魔女の道具箱を公開しましょう。
ハーブの魔法に欠かせない精油・道具・素材

チンキを作る魔法をマスターされたなら、さらに知識を深めましょう。魔女界では、草花や野菜の類はもちろん、ユーカリやクルミなど樹木、ヒバマタのような海藻に至るまで、150種以上のハーブを使いこなせれば一人前といわれるそうですが、百里の道も一歩から。ぜひ、私のおススメのドライハーブ15種から始めてください。いずれもチンキにしたり、料理やお菓子に使ったり、ハーブティーで楽しんだりと、お手元にあれば役立つこと請け合いです。

そして、香りの癒やしに欠かせないハーブの精油。よく使う4種をピックアップします。さらに、チンキやドライハーブと組み合わせるのに適した素材や、持っていると便利な道具類もご参考になさってください。

さあ、準備が整ったらハーブの魔法を使ってみましょう。48ページからは、ちょっとした体調不良や、毎日の清潔習慣に役立つハーブメソッドを伝授します。

魔女おススメのドライハーブ15種

1ネトル　2ローズマリー　3ローズヒップ　4カレンデュラ　5ダンデライオン　6レモングラス　7フェンネル　8タイム　9レモンバーム　10エキナセア　11エルダーフラワー　12セージ　13ジャーマンカモミール　14ラベンダー　15ペパーミント

それぞれの効能や使い方などは、119ページ～を参照。

最初にそろえたい精油４種

1ラベンダー（「旅先に持っていくべきハーブ」といわれる万能選手）　2ティートゥリー（スッとした香り。オーストラリアの先住民・アボリジニが古来より愛用したメディカルハーブ）　3ペパーミント（暑さも吹き飛ぶメンソールの清涼感！）　4レモン（リフレッシュ効果抜群。血流をよくする働きも）。※揮発性なので火気厳禁。

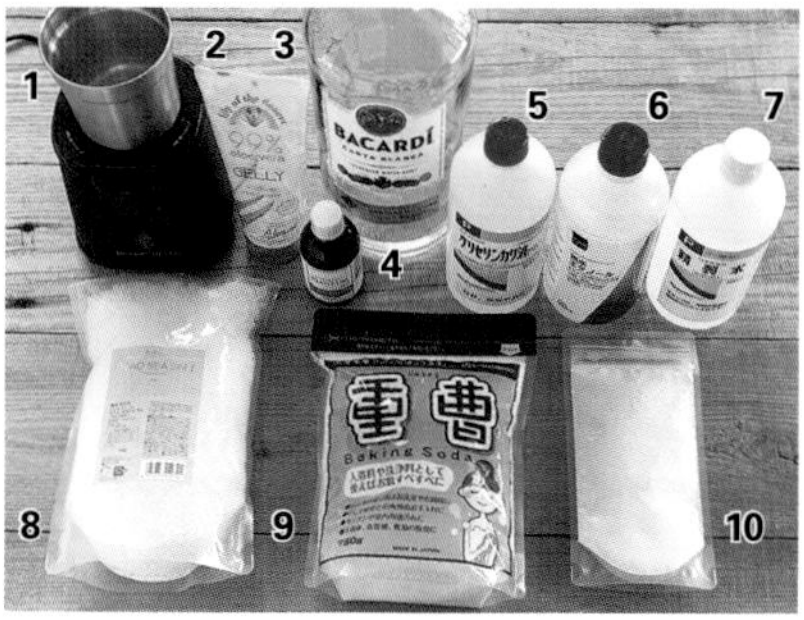

持っておくと役立つ道具と素材

1コーヒーミル（ドライハーブを粉末に）2アロエジェル（できるだけ添加物のないものを・軟こうのベースに）3ジンやウオツカなど40度以上の蒸留酒（チンキに使用）　4植物油　5無水エタノール　6グリセリン　7精製水（化粧水やクリーム、スプレーのベースに）　8岩塩（ハーブソルトに）　9重曹（クリーナーのベースに）10ホワイトクレイ（パックのベースに）。

ちょっとした不調に①

風邪

自然由来の軟こうを塗るハーバリストの〝手当て〟法

鼻づまりでつらい風邪引きさんにはナチュラル素材のみで作った〝塗る風邪薬〟を。のど元や鼻の下に塗ればユーカリやティートゥリーのすがすがしい香りが息苦しさを緩和してくれます。古くからのどの痛みを癒やすとされるセージはスプレーでお試しください。

Witch's Point

精油を用いるときの注意

精油をたらすときは、決して振らないこと！　たくさん出過ぎて、正確な量がわからなくなります。注ぎ口を斜め下に向けて、自然に滴がたれるのを待ってくださいね。

ハーブの〝塗る風邪薬〟

材料　アロエジェル20㎖。精油のユーカリ（炎症抑制）・ローズマリー（発汗作用）・ティートゥリー（抗菌）。20gの遮光ジャー。

作り方　**1**アロエジェルを遮光ジャーに入れ、ユーカリとローズマリー、ティートゥリーを添加。子ども用は各２滴、大人用は各５滴。**2**乳白色になるまでよく攪拌《かくはん》する。**3**ジェルの中から泡が消えたらでき上がり。日の当たらない涼しい所で保存／１～２か月

セージののどスプレー

材料　セージ（のどの痛み緩和）のチンキ20㎖。精製水30㎖。スプレー容器。

作り方　セージのチンキと精製水をよく混ぜる。細菌の繁殖を抑えるため、１回ごとに作り、使い切るとベスト。

Witch's Voice
精油を携帯
しておけば
外出先でも！
Organic
ティートゥリー
3ml

鼻水・くしゃみに１滴だけ！

材料　ハンカチやコットン、マスクなど。ユーカリ（抗炎症）またはティートゥリー（抗菌）の精油１滴。
作り方　ユーカリまたはティートゥリーの精油を、ハンカチやコットン、マスクなどに１滴たらし、そこに鼻を押し当てて吸入。

ちょっとした不調に②

花粉症

ハーブをフル活用して、
あのいや〜なくしゃみ・目のかゆみを軽減！

今や国民病とも称される花粉症。
突然襲ってくるくしゃみや
苦しい鼻づまりに困っている方に
ぜひおすすめしたいのが
「すぐラクになった！」と評判のハーブの処方箋。
また、特製ハーブティーは
目のかゆみの症状を緩和するブレンドです。

花粉症対策のハーブティー

材料　エルダーフラワー（去痰）、ネトル（体液・血液の浄化）、エキナセア（抗アレルギー）、アイブライト（目の不調対策）。

ちょっとした不調に③

夏バテ

暑さをはねのけるハーブパワーで夏を乗り切る方法

昨今は「地球沸騰中」といわれ
まさに危険な暑さが連日襲ってきます。
熱中症の予防策の1つとして
ペパーミントでクールダウンを。
またハーブティーはアイスにしても美味です。
アイスで楽しむ方法は77ページをご参考に。

熱中症になりかけたときのクールタオル

材料　ペパーミント（強力な清涼感）の精油数滴（精油がないときには生のペパーミントでも）。氷水、洗面器、タオル。　**作り方**　**1**氷水を入れた洗面器にペパーミントの精油を数滴たらす。**2** **1**にタオルをよく浸してから絞る。**3**両脇の下を冷やす。

夏バテ防止のブレンドティー

材料　ハイビスカス（疲労回復）、ローズヒップ（日焼けのダメージ改善）、ペパーミント（体を冷やす）。

ちょっとした不調に④

冷え性

内側から外側から
ハーブで温めましょう

冷え性に悩まされる方には
ショウガが最適です。
ショウガというと、和漢のイメージですか？
実は「ジンジャー」の名で
2000年以上も前から
メディカルハーブのレギュラーメンバー
なんですよ。

芯からあったか
ハーブティー

材料　ドライハーブのジンジャー（血行促進）・ジャーマンカモミール（抗炎症）・ギンコウ（イチョウ・血管拡張）を各1つまみ。シナモンスティック（抗菌）1本。

ブルブル・ゾクゾク
さようなら！
足先からぽかぽか

ジンジャー＆
ローズマリーの足湯

材料　ジンジャー（血行促進）の精油数滴。生のローズマリー（発汗作用）お好みの量。熱湯適量（くるぶしがつかる量）。くるぶし以上の高さのある容器。
作り方　1容器に熱湯を入れ、ジンジャーの精油と、ローズマリーを入れる。2そのまま5分ほど成分を抽出させる。3水を加えて湯温を調節する。

ちょっとした不調に⑤

胃のトラブル

胃をやさしくマッサージして血流改善を促す

風邪の対処法（48ページ）でもご紹介したように
人の手を当てる「手当て」は
とても有効な看病の方法です。
胃がしくしく、どうも調子が悪いというとき
胃薬を飲むのも一法ですが
ハーブの軟こうやオイルで手当てする方法もありますよ。

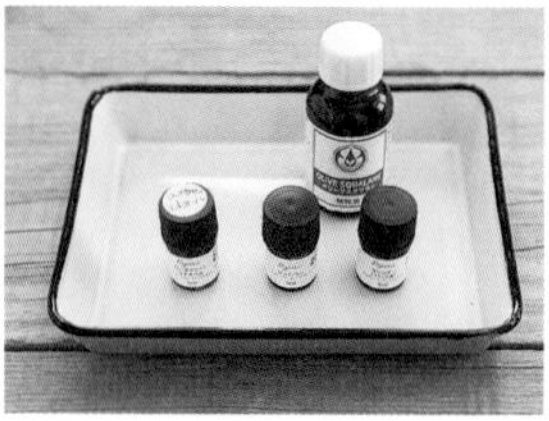

胃痛を和らげるマッサージオイル

材料　オリーブスクワラン（もしくはエクストラバージンオリーブオイル）5㎖。ジュニパー（胃腸を整える）・ラベンダー（鎮痛）・ローズマリー（血行促進）の精油３滴。

作り方　**1**ビーカーなどにオリーブスクワランに各精油３滴をたらして攪拌《かくはん》。**2**このオイルを手に取り、腹部をマッサージする。食道から時計回りに胃の付近へと、内臓の向きに合わせて行う。１回ごとに使い切る。

胃をやさしく癒やすハーブティー

材料　カレンデュラ（抗炎症）、ジャーマンカモミール（鎮静）、リコリス（胃粘膜保護）、マシュマロウ（粘膜への刺激を緩和）。

ちょっとした不調に⑥

肩こり・腰痛

外側からの刺激
ばかりではなく
内側からもアプローチを

肩こり・腰痛というと
もみほぐしたり湿布したりが
メジャーな対処法ですよね。
もちろんハーブの
湿布薬もありますが
今回は体の内側から
痛みに対処する
ハーブティー2種を
ご紹介します。
ゆったりとリラックスして
召し上がれ。

こり固まった体を楽にするブレンド

材料　ラベンダー（鎮痛）、ローズマリー（血液循環を促進）、パッションフラワー（鎮静）。パッションフラワーは痛みを和らげるだけでなく、うつうつとした気持ちを盛り上げる効果も。ラベンダーの香りの癒やしと、血の巡りをよくするローズマリーも期待大。

十字軍の昔から尊ばれた最強コンビ

材料　ジンジャー（末梢神経を緩める）、ジャーマンカモミール（抗炎症）、セントジョンズワート（鎮痛）。2000年余りの歴史を持つジンジャーはもとより、「神から与えられた９つの聖なるハーブ」のひとつであるジャーマンカモミール、さらに十字軍で活用されたセントジョンズワート※をブレンド。

※セントジョンズワートは、高血圧・免疫系の薬を服用中は使用不可。

ちょっとした不調に⑦

女性ホルモンの乱れ

イライラ・うつうつ……
そんなときに自分をいたわる方法を知っておこう

女性の心身の健康を大きく左右するといわれる女性ホルモン。更年期や月経前症候群などとも密接にかかわりがあるのはご存知の通りです。
ハーブの中には、女性ホルモンを整え女性が心穏やかに、健やかに生きられる手助けをしてくれるものがたくさんあります。

女性ホルモンを整えるブレンドティー

材料　レッドローズ（別名「女性のためのハーブ」）、ジンジャー（冷え防止）、ラベンダー（神経を穏やかに）、チェストトゥリー（ホルモン機能を促進）、パッションフラワー（鎮静）。

ふんわり香るマッサージジェル

材料　アロエジェル20㎖。ローズ（リラックス・美容）、クラリセージ（気持ちを和らげる・子宮の強壮）、ゼラニウム（美肌・ホルモンの働きの正常化）、ラベンダー（ストレス緩和）の精油各３滴、20gの遮光ジャー。

作り方　1アロエジェルを遮光ジャーに入れ、各精油を入れて乳白色になるまでよく混ぜる。2下腹部にマッサージする。日の当たらない涼しい場所で保存：１〜２か月

Witch's Voice

クラリセージは
婦人科系の不調
緩和に期待大！

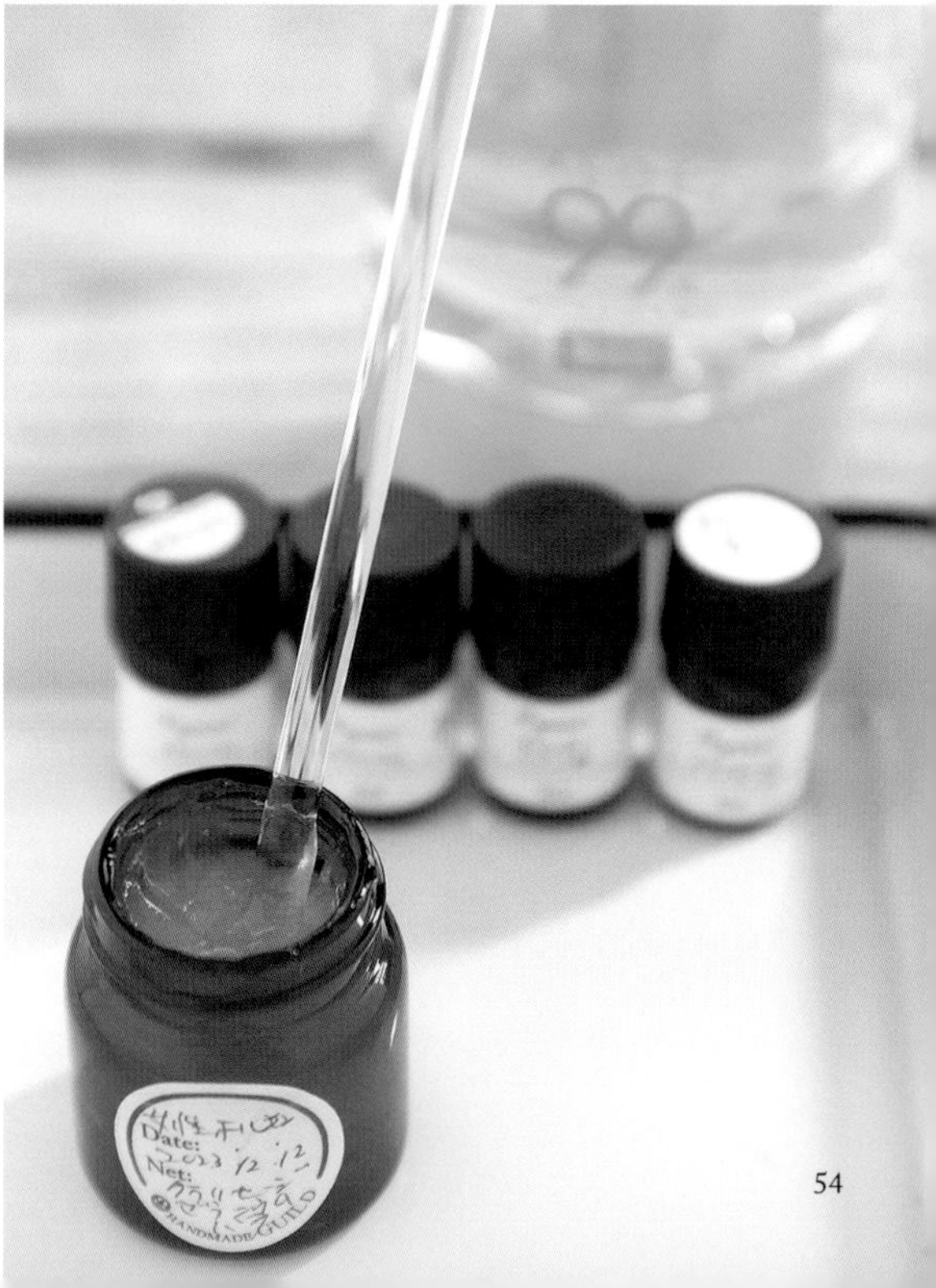

お気に入りの香りで芳香浴

材料　お気に入りの香りのハーブの精油1滴。カップ1杯分の熱湯。　作り方　1熱湯をカップに入れ、そこにお好みの精油を1滴たらす。2立ち上ってくる湯気と香りを、鼻からゆっくりと吸って味わう。

ちょっとした不調に⑧

気うつ

「どうも心がふさいで……」
そんなときこそハーブの出番

ストレスがあって当たり前の社会。
仕事でも家庭でも、心に負担を感じるシーンは多々あることでしょう。
そんなときは、ハーブと共に過ごす時間をほんの少しだけ融通してください。
ハーブティー1杯分だけでよいのです。
きっと少しだけ前向きになれるはず。

心の曇り空を晴らしてくれるハーブティー

材料　セントジョンズワート（神経系の回復）、レモンバーム（抗うつ）、パッションフラワー（別名「植物のトランキライザー」）、リンデン（血管の弛緩）。※セントジョンズワートは、高血圧・免疫系の薬を服用中は使用不可。

毎日の清潔習慣①

ハーブの手指消毒液

毎日使うものだから
自然由来の成分で作りたい

コロナ禍以来、私たちの暮らしに欠かせないものになった手指消毒液。市販品は、消毒用アルコールをベースにしたものが多く見られますがハーブチンキと精製水をベースにしたナチュラルレシピをご紹介。お子さまにもお使いいただけます。

カレンデュラは
鮮やかな
黄色のチンキ！

材料　カレンデュラ（殺菌・抗菌）チンキ10mℓ。ティートゥリー（抗菌）の精油２滴。精製水40mℓ。50mℓの遮光スプレー容器。

作り方　**1**ビーカーにカレンデュラチンキとティートゥリーを入れてよく混ぜる。**2** **1**に精製水を足してさらに攪拌《かくはん》。**3**スプレー容器に移し替える。日の当たらない涼しい所で保存：１か月以内に使い切る。

毎日の清潔習慣②
マウスウオッシュ

体の健康はお口の健康から
風邪の予防にもなりそうです

わが家でマウスウオッシュといえば
セージを使ったもの。
ここではお茶タイプをご紹介しましたが
セージのチンキ（44ページ）と
精製水を同量で割って
作ってもいいです。
ともかく、お口まわりや
鼻・のどにはセージ。
そう思っておいて間違いありません。

Witch's Voice
セージの
チンキは
わが家の常備品

材料　ドライのセージ2つまみ（ティーにするときの倍量）。熱湯150mℓ。

作り方　**1**ティーポットにドライのセージを入れ、熱湯を注ぐ。**2** 3分以上抽出させ、適温になったら使用する。1回ごとに使い切る。

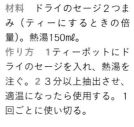

毎日の清潔習慣③

マスクスプレー

甘い香りとともに
抗菌作用＋消臭効果がプラス！

マスクが日用品になって久しいからこそ効果的で快適な着け心地を追求してみませんか？よい香りのするハーブとして名高いラベンダーと「スイートマジョラム」の別名を持つ甘い香りに定評のあるマジョラムを使ったマスクスプレーのレシピです。お出かけ前はもちろん出先でも「シュッ」とひと吹きを習慣に。

ラベンダーには
リラックス
効果もあり

材料　ラベンダー（やさしい香り・抗菌）のチンキ（または精油）とマジョラム精油（消毒作用・緊張緩和）合わせて５～10滴。無水エタノール10mℓ、精製水40mℓ。50mℓの遮光スプレー容器

作り方　**1**無水エタノールと精製水を混ぜる。**2** **1**にラベンダーチンキとマジョラム精油を数滴ずつ添加。**3**よく混ぜたら、スプレー容器に移し替える。常温保存：１か月

Witch's Voice

マスクから
ふんわりと
よい香りが…

Method

4

Herb & Living

ハーブを暮らしに生かす方法。
香りと効能で日々が豊かに！

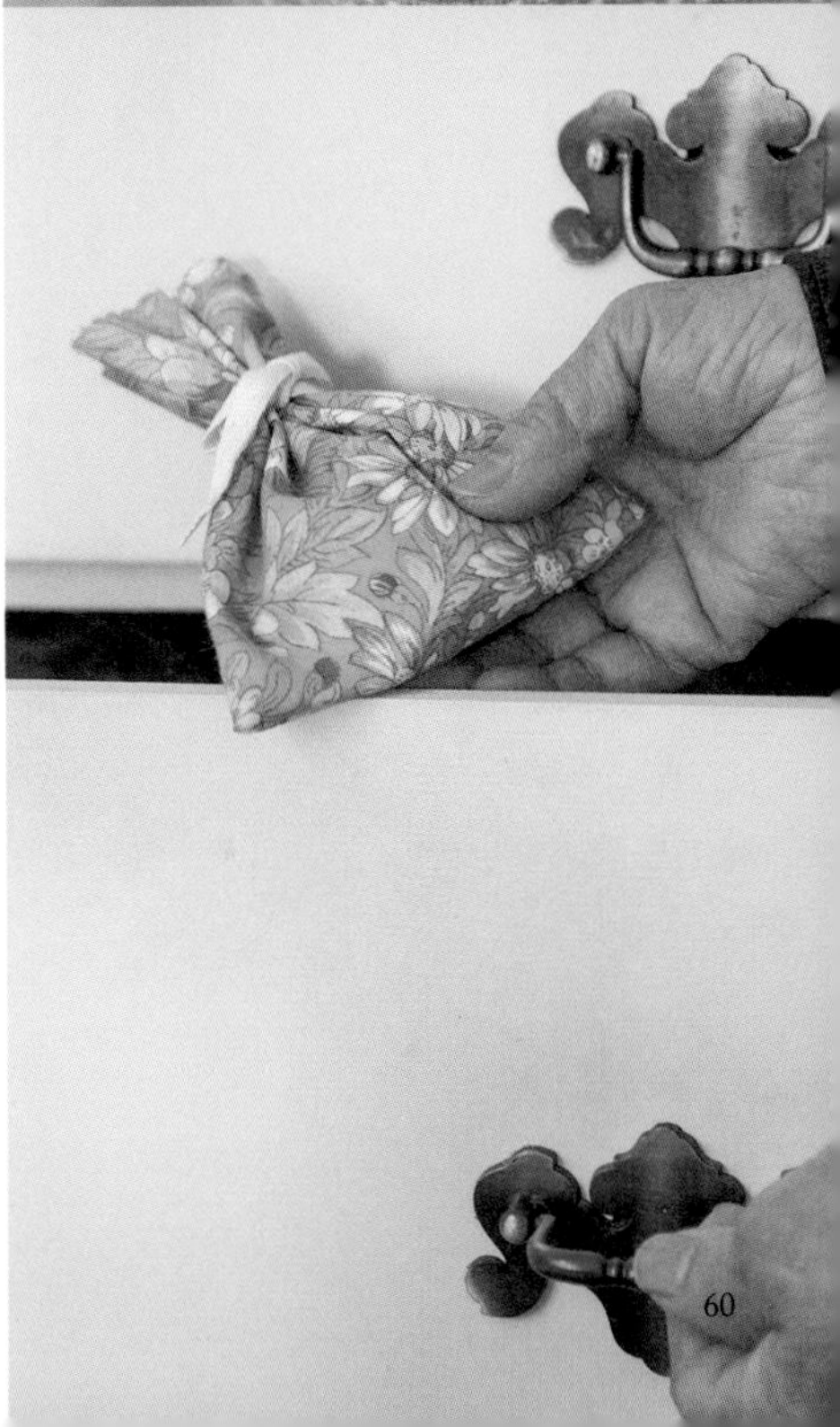

ハーブは医・食だけにあらず。暮らしのあちこちにハーブの香りをまとわせるのが魔女流です

ハーブティーを飲んだり、ハーブチンキで不調をケアしたりすることは、大事な魔女のルーティーン。しかし、ハーブの活用法は暮らし全般に及びます。

この章では、私が愛用する、香り高いお役立ちグッズをご紹介します。家だけでなく、外出先でもどこででもハーブの恩恵にあずかってくださいね。

家でもハーブの香り①②

携帯用サシェ／クローゼット用サシェ

よい香りはもちろん
ハーブの効能にも期待大!

ハーブのクラフトといえば
ドライハーブをお気に入りの布袋に
潜ませるサシェ。
香りを楽しむだけでなく
ハーブの効能をその場で得られるのも
うれしい点です。
携帯用サシェには、お出かけ先で
心も体もリラックスできるような
ブレンドを。
クローゼット用サシェは
防虫・抗菌・消臭成分で
大事な衣類を守ってくれますよ。

クローゼット用サシェ

材料 ドライのレモングラス（防虫・消臭・殺菌)、ローリエ（防虫・殺虫)、ラベンダー（防虫・抗菌）各大さじ1（粗みじん状態)。布袋（縦15㎝×横12㎝)、リボン30㎝、お茶パック1枚。

携帯用サシェ

材料 ドライのラベンダー（心の鎮静)、ローズゼラニウム（ストレス軽減)、ダマスクローズ（体臭を抑制）各小さじ1。布袋（縦10㎝×横5㎝)、リボン20㎝、お茶パック1枚。

作り方 **1**ドライハーブを混ぜ、精油をたらす。**2** **1**をお茶用パックに詰め、布で作った袋に入れる。**3**リボンで結んで完成

家でも外でもハーブの香り③

モイストポプリ

「不老不死のハーブ」で作る
すがすがしさたっぷりのポプリ

かつて、老いたハンガリーの女王が
若い王子からプロポーズされるほどの
美しさと活力をよみがえらせたというローズマリー。
その効能を余すところなく
粗塩を使ったモイストポプリで堪能しましょう。
塩の効果で、長く香りを楽しめますよ。

ローズマリーは
ぜひ栽培したい
ハーブの一つ

材料　生乾きのローズマリー（枝をカットし１日干したもの、疲労回復・活力増進）適量。粗塩適量。ローズマリーとスペアミント（健康維持）の精油少々。パウダーのクローブ、シナモン（香りを長持ちさせる保留剤）適量。密閉できるガラスジャー。

作り方　**1**ボウルなどに粗塩、クローブとシナモンを入れて混ぜる。**2** **1**をガラスジャーの底が隠れる程度に入れ、指でよく押す。**3**細かく切ったローズマリーを**2**の上に敷き、層を作る。**4**同様の作業を繰り返し、最後は粗塩で終わらせる。**5**ガラスジャーを密閉し、冷暗所で約１か月熟成させる。

家でも外でもハーブの香り④

シトラスポプリ

レモンやオレンジの
シトラス香が
気持ちをリフレッシュ
させてくれる

シトラスは、植物分類における「ミカン属」の学名のこと。おなじみのレモンやオレンジなどですね。ハーブには、名前に「レモン」を冠したものが多数あり今回のポプリの主役に据えました。よって、その名も「シトラスポプリ」。ぜひ小分けして、家じゅうにさわやかな香りをまとわせてください。

材料　粗みじんのドライハーブのレモンバーベナ（鎮静）・レモンバーム（神経系の緩和）・レモングラス（リフレッシュ）・カレンデュラ（万能薬）・レッドローズ（婦人科系のトラブル緩和）・ラベンダー（リラックス）・ジャーマンカモミール（リラックス）・レモンやオレンジ（疲労回復）適量。黄花ダリア（色みをプラス）適量。パウダーのクローブ・シナモン（保留剤）各小さじ1。精油のレモン・レモングラス・オレンジスイート（気分を上げる)・レモンマートル(「レモンよりもレモンらしい香り」といわれる)各2滴。密閉できるガラスジャー。

作り方　**1**ドライハーブと保留剤のクローブ・シナモンを入れて混ぜる。**2** **1**に精油を入れて混ぜ、ガラスジャーに入れて密閉。**3**約1か月熟成させる。

家でも外でもハーブの香り⑤

ハーブピロー

ちょっと小休止する時間に
体メンテナンスを……

毎日家事に仕事、さらに子育て
もしかしたら、私のように「孫育て」まで!?
忙しく立ち働く女性たちに常備してもらいたい
あったかハーブピローです。
レンジで適温に温めたら目、腰、肩、首など
「だるいなあ」と思う箇所に当ててください。
冷えからくる腹痛にもよいですよ。

ぬかが余ったら
コンポストに
利用しよう

材料　ぬか400ｇ、ドライのジャーマンカモミールとラベンダー（ともに「万能薬」とも呼ばれるハーブ）各20ｇ。好みの布袋（縦25×横13㎝）。

作り方　すべての材料を混ぜて、布袋に入れて口を縫い閉じる。電子レンジ500ワットで３～４分ほど温めて、肩、背中など、温めたい部位に置くと、こりやだるさが緩んで心地よい。※熱くなるので、直接肌に当てない。目に当てる場合は500ワットで２分を目安に。

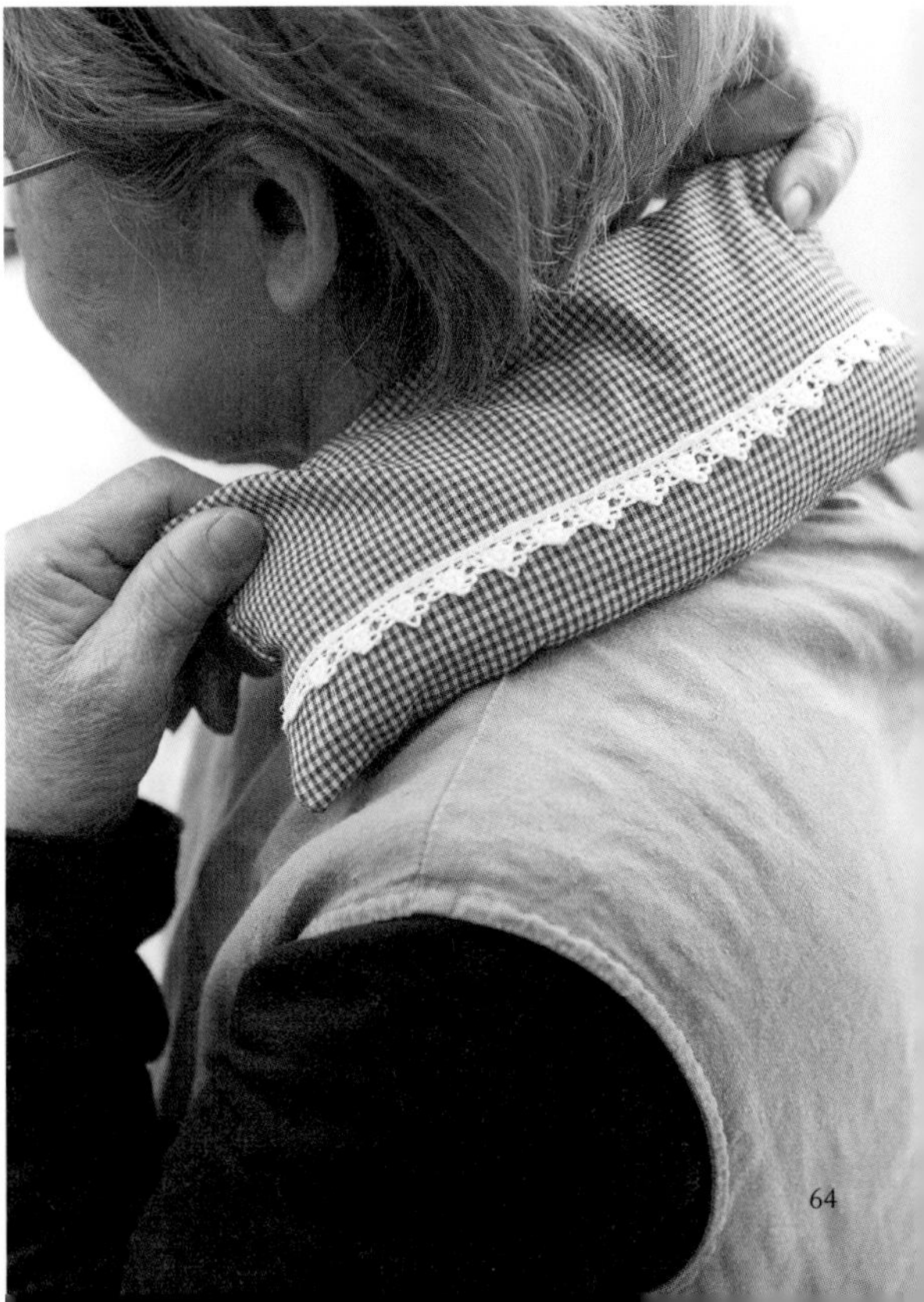

材料　好みのハーブ（写真はナスタチウム（抗菌・美白）、ローズマリー（収れん）、ペパーミント（リフレッシュ）、レモンバーム（清涼感）など。　**作り方**　**1**ハーブをブーケ状にまとめ、下のほうでひとくくりにする。**2**お風呂に浮かべる。

サニタリー&バスの常備品①

ハーブバスブーケ

茂り過ぎたハーブの
有効活用にもうってつけ！

好みのハーブをひとまとめにして
お風呂に浮かべるだけでいい
フレッシュハーブバスブーケ。
夏はぜひ
肌を引き締める作用で知られるローズマリーや
清涼感抜群のミントを入れてみてください。
湯上りがさっぱりしますよ。

Witch's Point

カラフルな
ナスタチウムの魅力！

ハーブバスブーケの彩りに最適なナスタチウムは、花・葉・種が食用に。そのうえ、真夏を除き５〜11月にわたり咲き続け、ビギナーにも育てやすいおススメのハーブです。

サニタリー&バスの常備品②

ハーブソープ

いつまでもバラの香りを維持できる
保管方法は試す価値あり！

ハーブを使ってのソープ作りにはいろいろな方法がありますが
私は「MPソープ（グリセリンクリアソープ）」という
石けん素地がお気に入り。
電子レンジでチンするだけで溶けるので
あとはお好みの精油やドライハーブ
香りづけのハーブティーなどを入れるだけででき上がります。

材料　10㎝サイズの型５～６個分。ＭＰソープ200g（１㎝角にカット）、ローズヒップ（美肌）オイル小さじ1/2、レッドローズ（婦人科系の不調緩和）ティー小さじ1、ハチミツ小さじ1/2。精油のローズとゼラニウム（皮脂バランスの調整）各１滴。好みのシリコン型。

作り方　**1**ドライのレッドローズで、濃いハーブティーをいれておく。**2**ＭＰソープを500ワットで２分30秒、電子レンジにかけて溶かす。**3**ローズヒップオイル、ハチミツ、**1**のローズティーを**2**のＭＰソープに入れてよく混ぜ、さらに精油を加える。**4** **3**を好みの型に入れ、約半日、風通しのよい所で乾燥させる。**5**ドライのバラの花びらを入れたガラスジャーで保管すると、バラのよい香りがキープできる。

Witch's Voice
バラの香りに
包まれた
バスタイムを！

サニタリー&バスの常備品③④

バスボム／バスソルト

ママの美容と健康に
お子さまのバスタイムの楽しみに！

お風呂タイムは家族みんなで満喫したいもの。
特に冷え性の女性には
芯まで温まることができる貴重な時間です。
ぜひハーブのバスソルトで
ぽかぽか実感をアップさせてください。
またバスボムは子どもに大人気！
簡単ですからお子さんと一緒に作ってみてはいかが？

バスボム

シュワッと溶ける固形入浴剤・バスボムは、重曹大さじ5、クエン酸小さじ5、コーンスターチ小さじ2に好みのハーブパウダー小さじ1と精油1滴を混ぜてラップで包み、数時間おいたらでき上り！

バスソルト

材料　海塩（粗塩でも代用可）200g、ドライのラベンダー（疲労回復）とブルーマロウ（色み・消炎）のパウダー各小さじ2、ラベンダーの精油5滴。ガラスジャーなどの容器。

作り方　**1**容器に海塩、ラベンダーとブルーマロウのパウダーを入れてかき混ぜる。
2 **1**に精油を加え、素早く混ぜたらでき上がり。日の当たらない涼しい場所で保存：1か月。

サニタリー&バスの常備品⑤

トイレの消臭・消毒・殺菌スプレー

外出先でトイレを使うとき
持っておくと安心

何人もの方が利用する公共のトイレを使うとき
自分のためにも、次に使う方のためにも
持っておきたいトイレ用スプレーです。
消臭・消毒・殺菌効果に加え
空気清浄に役立つ成分が多く含まれたハーブで
「お花を摘んできた」の比喩がピッタリ!?

Witch's Point

オーストラリア生まれのティートゥリー

ティートゥリーは、オーストラリアの先住民・アボリジニが愛用していたハーブ。すっと鼻に抜ける香りで、清潔感たっぷり。

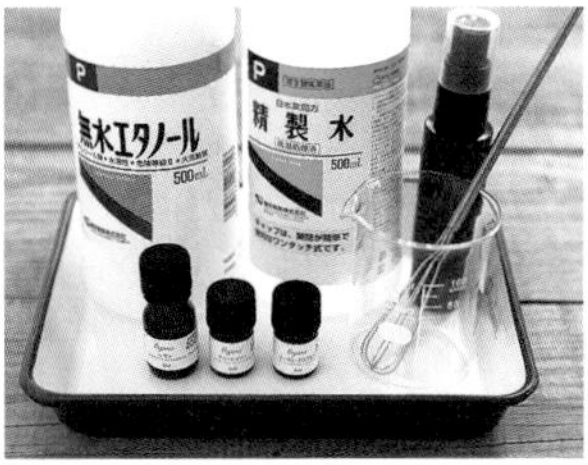

材料　50mℓのスプレー容器１本分で、無水エタノール40mℓ、精製水10mℓ。ユーカリグロブルス（消毒・空気清浄）とレモン（抗菌・消臭）の精油３滴、ティートゥリー（抗菌・消毒）の精油４滴。

作り方　**1**ビーカーなどに、無水エタノールと精油を入れ、よく攪《かく》拌《はん》する。**2** **1**に精製水を注ぎ、さらに混ぜたらでき上がり。日の当たらない涼しい場所で保存：１～２か月。

WITCH'S COLUMN

2

家じゅう、どこでも使える頼れる１本

万能ハーブクリーナーのススメ

強い殺菌力のセージのパウダーと
消毒・殺菌はお任せのペパーミントパウダーを大さじ２ずつ。
そこに油を中和して落とす重曹１カップをよく混ぜるだけ。
これさえあれば、家じゅうさわやか・スッキリ！

■キッチン

シンク：スポンジに万能クリーナーを振りかけて磨く。

三角コーナー：万能クリーナーと酢を振りかけ、しばし放置して洗い流す。

換気扇：万能クリーナーに少し水を加えてペースト状にして塗り、ラップして１時間後に拭き取る。

■トイレ

タンク内：１カップの万能クリーナーを入れ、ひと晩おいてから流す。

便器：万能クリーナーをまんべんなく振りかけ、５分以上おいてからブラシでこすり、水を流す。

■バスルーム

バスタブに万能クリーナーを振りかけ、スポンジで洗い流す。

■フローリング

固く絞った布に、万能クリーナーをつけて拭く。

■窓、網戸

湿らせたスポンジに万能クリーナーを振りかけて、窓や網戸の汚れを拭き取った後、水拭き＋から拭き。

■排水溝

万能クリーナーを振りかけ、1/3カップの酢を入れる（泡立ってくる）。そのまま30分放置して熱湯を注げば、ぬめりもニオイもなくなる！

Method

5

Herb Teatime

ゲストに喜ばれること必至のティータイム術。
ハーブ魔女のたしなみのひとつです

ハーブティーがうまくいれられない方の多くはドライハーブの入れ過ぎかもしれませんよ

ハーブティーのいれ方は、決して難しくありません。適量のドライ、もしくは生のハーブと、熱湯を用意すること。生のハーブはまだしも、ドライを入れ過ぎると、濃くなり過ぎて飲めたものではありませんから要注意。そして、すぐに飲まずにしばらく待って、しっかり成分を抽出させることも大切です。

ホットだけでなくアイスも美味ですし、ゲスト用の楽しいブレンドも！　基本のハーブティーのいれ方をマスターして、おもてなし編へとお進みください。

ハーブティーの基本的ないれ方

ホットのハーブティーをおいしくいれるコツは
「ハーブを入れ過ぎない」。

特にドライハーブは気をつけて。

「必ず沸かしたての熱湯を使う」

ポットで保温されたものは避けましょう。

「抽出時間の決まりを守る」

短くても長すぎてもダメ。

ドリップポットや砂時計などがあると便利ですよ。

1 ドライハーブは、１人分大さじ軽く１杯＝指３本でハーブを軽くつまみ上げたくらい。ブレンドするときにも、全体量で大さじ軽く１杯に。生のハーブを使う場合は、１人分で大さじ３杯（ドライの３倍）が目安。
2 お湯は沸かしたてのものがベスト。写真のようなドリップポットがおすすめ。細いノズルを通ってくるうちに、沸騰したお湯が適温になる。１人分につき、150〜180㎖注ぐ。

花や葉なら３分、茎や実など固いものは５分。必要以上に置くと、いがらっぽくなることもあるので注意。短すぎると、香りや成分が抽出しきれない。

カップ＋生のハーブで カンタンに ハーブティーを楽しむ方法

お庭やベランダでハーブを育てている方。
フレッシュな生のハーブを入手できたとき。
ぜひ試していただきたい
生の花や葉を使ったいれ方です。
ハーブの量は1人分大さじ3杯
または、カップに6分目くらいを目安に。

生のハーブをカップ6分目くらいまで入れ、熱湯を注ぐ。ふたをして3分蒸らす。耐熱のガラスカップだと、中の様子が見えて楽しい！

この鮮やかさがすべて「天然色」！カラフルなハーブティー

カラフルなハーブティーは
ゲストへのウエルカムティーにピッタリ！
お菓子作りや
ハーブソープの着色にも利用できるなど
覚えておくと役立ちます。

1 **黄系**……カレンデュラ（そのほか、エルダーフラワー、ジャーマンカモミールなど）
2 **茶系**……ローズヒップ（そのほか、ルイボス、ダンデライオンなど）
3 **赤系**……ハイビスカス（そのほか、レッドローズ、ワイルドストロベリーの実など）
4 **緑系**……マルベリー（そのほか、ミント、レモンバーベナなど）
5 **青系**……ブルーマロウ（そのほかバタフライピーなど）

1 **黄系**　2 **茶系**　3 **赤系**　4 **緑系**　5 **青系**

「夏はアイスでハーブティー」に大賛成！でもホットのほうがよいものも

ほとんどのハーブは、
アイスでもホットと変わらず
薬効を得られ
おいしくいただけます。
でも、ローズとジンジャーは
ホットにしたほうがよいかも。
ローズのバラ色は
アイスではあまり美しく発色しません。
それに、香りもいまひとつ。
また、ジンジャーの役どころである
発汗作用や血流改善を
期待するのなら
ホットに軍配が上がるのです。

グラスに氷＋ホットティー

グラスの６～８分目くらいまで氷を入れ、ホットのハーブティーを注ぐだけ。氷は透明で、ハーブの色みを邪魔しない、市販されている氷でぜひ！

ドライハーブ＋水＋夜から朝までの時間

ドライハーブをひと晩、水出しにする方法。水出し用のポットや、お茶パックにドライハーブを入れる方法がお手軽。写真はバタフライピーの水出し。

高確率でゲストに喜ばれる アイスハーブティー5種（ハーブ魔女調べ）

ここまで多数のハーブティーをご紹介してきましたが
ホットが主でしたね。
こちらではアイスを主役に、私の経験上
「このブレンドなら間違いなし！」「ゲストが笑顔になる確率高し！」の
おもてなし系5種をご紹介します。

1 イチゴミルク？じゃない 大人のハーブティー

真っ赤なイチゴを思わせる色の正体はハイビスカスで、初恋の味が見え隠れする大人のハーブティー。81ページにレシピ掲載。

Witch's Point

ハーブティーに 甘みが欲しいなら

砂糖のほか、ハチミツ、コーディアルやジャム（90ページ）、ドライフルーツで甘みをプラス。砂糖の200倍も甘いといわれるステビアを加えるのもおすすめです。

2 夏色！ ブルーのハーブティー

目をみはる青さを誇るのは、バタフライピー。抗酸化作用に加え、素晴らしい発色でＳＮＳ映えも◎。サプライズティー（80ページ）も楽しんで！

3 誰もが大好き！ ミント＆レモンバーベナ

ミントの清涼感＋「香水木」の異名を誇るレモンバーベナのレモン香。相乗効果で、スッキリ感は倍増し、夏の汗も引くさわやかさ。

4 ハイビスカスと ローズヒップの 抗酸化レッドコンビ！

ハイビスカス×ローズヒップは、いずれも抗酸化作用に秀で、ビタミンCが豊富。そして夏の暑さに弱った体にしみわたる酸味が魅力的！

5 やさしさに癒やされる ジャーマンカモミール＋ エルダーフラワー

さわやかな青リンゴの香りのジャーマンカモミール。片や、マスカットに似た香りのエルダーフラワー。いずれも花のドライをティーに。

まだまだご紹介！　魔女推薦のハーブドリンク

何度見ても不思議！ サプライズティー

右／バタフライピーの青色は、「テルナチン」というアントシアニンの一種の色。このテルナチンに酸性のレモンを搾っていくと……。

左／レモンの酸とテルナチンが化学変化を起こし、紫色に変化（右）！　蛇足ながら、アルカリ性の重曹を加えるとグリーンに。よって別名「天然のリトマス紙」。

ハーブのうんちくもお茶のお供に

ベルガモットはフレーバーティー・アールグレイの香りづけに用いられるハーブ。そのためごく普通の紅茶なのに、ベルガモットを浮かべればそこはかとなくよい香りが……。首をかしげるゲストに種明かしするのも一興。

スパイシーな
ハロウィン用ホットワイン

ハロウィンとは魔女の大晦日なり(詳しくは110ページ参照)。ハーブたっぷりの大人のホットワインを飲みながらお祝いすべし！　赤ワイン１本に対し、きび砂糖30g、くし形にカットしたオレンジ１個、シナモンスティック２本、カルダモン小さじ２、クローブ４粒を鍋に入れ、温まったらでき上がり。

一見イチゴミルクな大人のハーブティー

材料　ハイビスカスのアイスハーブティーと氷適量、乳酸菌飲料も適量。
作り方　**1**背の高いグラスの底に、氷と乳酸菌飲料を入れる。そこにハイビスカスティーをゆっくり注ぐ。**2**よく混ぜると、徐々に乳白色が赤と混じって、やさしいピンク色に。ハイビスカスティーの酸味＋乳酸菌飲料の甘酸っぱさで、初恋よりも少し大人の味わい。

Witch's Voice

スイーツ

ハーブ魔女にとって
ハーブは
スイーツ作りにも
欠かせない素材

みんな好き！ほっぺが落ちる魔法をかけたハーブスイーツ

ハーブ&ヘルシー素材のスイーツ①

琥《こ》珀《はく》糖《とう》

透明感に思わずため息…

「どうぞ」と目の前に出されたら
しばらくは、ただ見つめてしまうこと
必至の琥珀糖。
「食べる宝石」の名に恥じない
大人の和スイーツを
美しく発色するハーブで作ってみてください。

寒天は常温で
固まるから
楽ちん！

材料　砂糖300g、水200㎖、粉寒天4g、エルダーフラワー・バタフライピー・ハイビスカスのドライ各小さじ1。

作り方

1

ハーブはひたひたの湯に浸して、色を出しておく。エルダーフラワー（左）は黄色、バタフライピー（中）は青、ハイビスカス（右）は赤色に色づく。

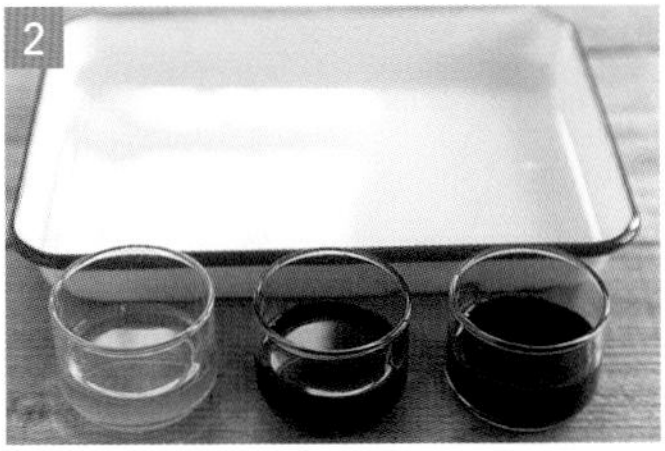

2

砂糖と粉寒天をよく混ぜて鍋に移し、水を加えてとろ火で5～6分煮詰めて、バットに移し替える。

3

2のバットに、**1**で抽出した各色のハーブ液を注ぎ入れる。

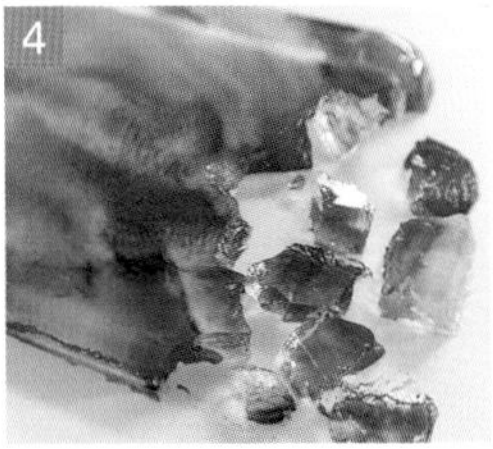

4

小1時間たつと固まる。「手で砕くとキラキラ感が増しますよ」

5

ざるにのせて乾燥させれば、徐々に表面に砂糖が結晶化してくる。常温で保存可能。

ハーブ&ヘルシー素材のスイーツ②

ハーブのグラノーラバー

職場でのおやつや携帯食にも

もっちり食感が楽しいグラノーラバーをハーブをたっぷり入れて作ってみました。バターではなく太白ごま油を使えばより軽い口当たりになりますよ。

ハーブのグラノーラバー

材料　グラノーラ50g、マシュマロ50g、太白ごま油（またはバター）10g、ペパーミントパウダー大さじ1、チョコチップ10g、ドライハーブ（エルダーフラワー、ジャーマンカモミール）各大さじ1。

作り方　1フライパンに太白ごま油を入れて熱し、マシュマロを加えて溶かす。2チョコチップも加え、さらに溶かす。3 2にグラノーラとハーブを入れ素早く混ぜる。4クッキングシートに3を移し、形を整えて冷蔵庫で1時間冷やし固める。5棒状に切ってでき上がり。

ハーブ＆ヘルシー素材のスイーツ③

ハーブ魔女風 モール村のクルミケーキ

ハーブを駆使した中世の尼僧に憧れて

「ヒルデガルト」をご存知でしょうか。11～12世紀を生きた女子修道院長であり「ドイツ薬草学の祖」とも称えられる聖人です。そんな彼女の今に残るレシピに敬意を表しつつ私流にアレンジを加えたケーキをご紹介しましょう。

モール村のクルミケーキ

材料　1台分の材料（約9人分）は、クルミ280g、卵2個、きび砂糖80g、バター130g、生クリーム125mℓ、コーンスターチ大さじ1。

作り方　**1**クルミをミキサーにかけて粉々にする。**2** **1**にきび砂糖とコーンスターチを入れ混ぜたら、卵を1個加えてよく混ぜる。**3** **2**がペースト状になったら2個目の卵を入れ、さらに攪拌《かくはん》。**4** **3**に、少し柔らかめに溶かしたバターと生クリームを加えて混ぜる。**5** **4**を平型のケーキ型に流し入れ、180度のオーブンで30分焼く。**6**エディブルフラワーやミントを飾る。

いずれも
ずっしり
食べごたえあり！

ハーブ&ヘルシー素材のスイーツ④

ハーブのクリスタライズド

エディブルフラワーってかわいい！

クリスタライズドは、「シュガーコート」とも呼ばれます。いずれも、納得のネーミングですね。しっかり砂糖をまぶしたら、常温で1年近く保存できます。ハーブティーのお供や、ケーキのトッピングにいかが？

その時々に
収穫したハーブで
作ってみて

材料　無農薬栽培の生花（バラの花びらやラベンダー、セージの花など）数個、ミントの生葉数枚、卵白１個、グラニュー糖１カップ。

作り方

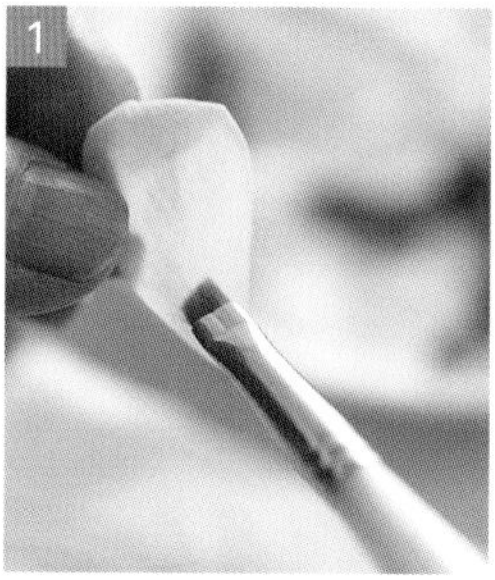

ハーブは水ぬれ厳禁。ハケで汚れを取る。卵白は泡立てないように、さっくり混ぜておく。バットにはグラニュー糖を入れて準備。

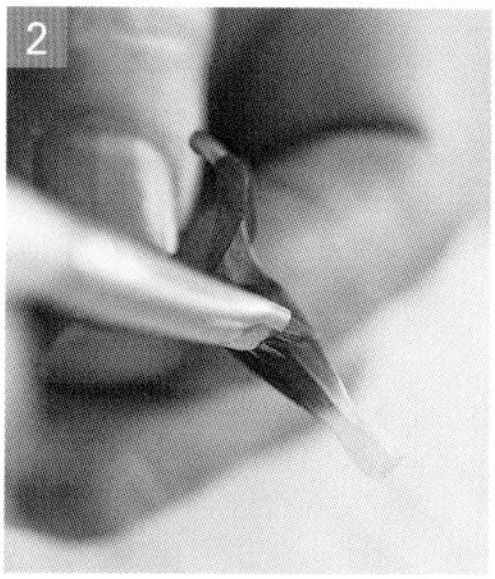

ハケを使い、ハーブひとつひとつにていねいに、１の卵白を塗る。

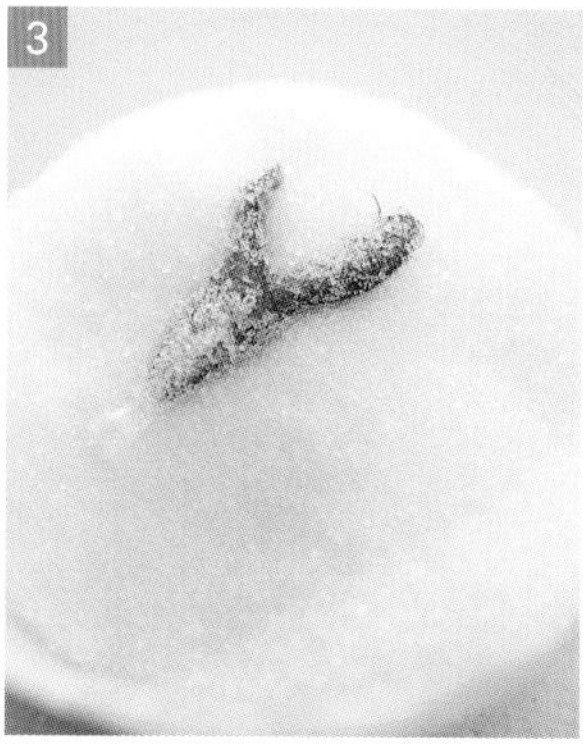

2をバットに広げたグラニュー糖に入れ、全面にしっかりグラニュー糖をまぶす。余分なグラニュー糖を落とし、キッチンペーパーに並べて、２日程度乾かす。

Witch's Voice
プレゼントや
お土産にしても
喜ばれますよ

ティータイムが盛り上がるハーブスイーツ⑤

スペルト小麦のナッツマウンテン

クランベリー風味のボリューミーなクッキー

ナッツマウンテンは、大好きな料理家レイチェル・クーさんの本にあったものを参考にしました。彼女のレシピには、ハーブが盛りだくさんで興味津々。いつもクリスマスにわが家で行うコンサートのときに出すお菓子にしたら大好評でした。

「マウンテン」の名の通り
山の形に！

Witch's Point

ハーブ魔女も愛用中の「スペルト小麦」とは

スペルト小麦は、古代小麦の一種。グルテン含有量が少なく、小麦アレルギーを発症しにくいうえ栄養豊富とあって、昨今、注目されている食材です。食感は、一般的な小麦より、かみごたえと弾力が強めなのが特徴。リゾットにしても美味ですよ。

スペルト小麦のナッツマウンテン

材料（20個分） スペルト小麦200g、アーモンドパウダー50g、ゴマ100g、砂糖50g、塩小さじ1/2、レモンと皮１個分（すりおろす）、バター120g、卵１個、ラム酒大さじ１、ホワイトチョコレート300g、クランベリー適量。

作り方 1鍋に砂糖、塩、レモンの皮、バターを入れて中火で溶かす。2ボウルにゴマ、アーモンドパウダー、スペルト小麦を入れる。そこに卵を割り入れたあと**1**を加え、ラム酒も加えて全体を混ぜ合わせる。3天板に**2**の生地を20等分し、直径約５㎝の円錐形に形づくる。4160度に温めたオーブンで30分焼き、生地がきつね色になり固まったのを確認する。5オーブンから**4**を取り出し、網の上に置いて冷ます。6ホワイトチョコレートを割って湯煎にかけて溶かす。7 **6**に**5**の上部を半分つけるようにして浸した後、クランベリーを飾ればでき上がり。

常備しておきたいハーブのコーディアル＆ジャム

コーディアルと
ジャムの魔女風レシピ

コーディアルは
家族みんなで活用できるシロップ。
炭酸や水で割ればジュースに
大人はアルコールと
ステアしてカクテルと
家族じゅうで楽しめます。
そしてジャムは魔女らしく
愛のハーブ・ローズの
花びらのドライや
ノバラの実をじっくり煮込んで……。

Witch's Voice

ハーブティーや
料理の甘味に
あると便利！

Date21.5.17
Net:ハイビスカス
ローズヒップ
HANDMADE GUILD
Date:21.5.17
Net:ジンジャー
レモンバーベナ
HANDMADE GUILD
Date:21.5.17
Net:エルダー
レモン
HANDMADE GUILD

イギリスでは、初夏に咲くエルダーフラワーを摘み取り、コーディアルを作るのが古くからの習わしだとか。花は、変色する前の純白の状態で収穫する。

好みのハーブで手作りコーディアル

材料　ドライハーブ大さじ２（エルダーフラワーやレモンバーベナ、ハイビスカス＋ローズヒップなど）、水200㎖、砂糖大さじ３、レモンの搾り汁1/2個分。

作り方　**1**鍋に水とハーブを入れて加熱。**2**沸騰したら、ふたをして５分。**3** **2**をこして砂糖を加え10分煮る。**4** **3**にレモンの搾り汁を足し、さらに１分煮たら完成。

ドライローズペタルのジャム＆ドッグローズの実のジャム

バラは観賞専門にあらず。香りも楽しめるジャムで味わって。右は、ビタミンCの宝庫として名高いバラの実・ローズヒップ30g、砂糖60g、水50㎖。左は、バラの花びらを乾燥させたドライローズペタル10g、グラニュー糖50g、水50㎖。いずれも沸騰したら、レモン汁小さじ１を加え、コトコト煮詰める。

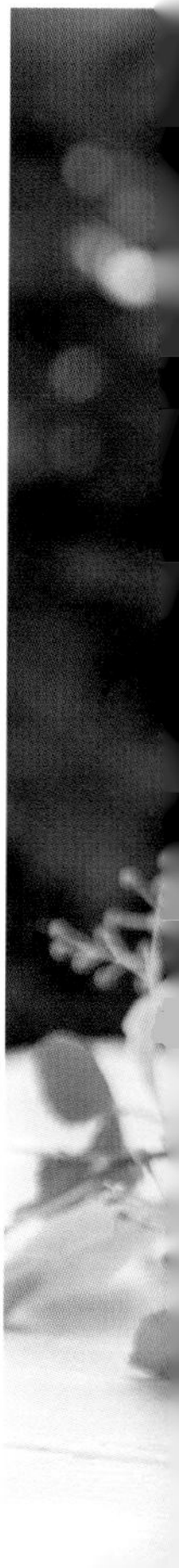

WITCH'S COLUMN

3

持て余す心配なし！

魔女流ミントのスイーツ術

「ミントを植えてみたけれど育ち過ぎて消費しきれない！」と
何度お聞きしたことでしょう。
それでは私から、ミントを大量消費するスイーツをご提案。
「歯磨きの味になるんじゃ？」なんて心配はご無用！
爽快感のある夏向きの仕上がりになりますよ。

ミントシロップ

水100mℓに、ドライのペパーミント大さじ１（生の場合は大さじ３）を入れて煮たててこし、きび砂糖60gを混ぜる。ラム酒大さじ１、レモンの搾り汁大さじ２を加える。

ミントのケーキ

材料　食塩不使用バター110g、きび砂糖50g、卵２個、**A**（薄力粉120g、ベーキングパウダー小さじ２，ペパーミントのパウダー小さじ１，塩ひとつまみ)、粉砂糖適量。

作り方　1電子レンジで食塩不使用バターを溶かす。2ボウルに**1**ときび砂糖、卵を入れてよく混ぜる。3 **1**に**A**をふるい入れ、混ぜる。4180度のオーブンで25分焼く。5熱いうちにミントシロップを回しかけ、冷めてから粉砂糖を振る。

Method

6

Herb Cooking

ハーブ料理は老若男女の食欲をそそる
マジカルクッキングなんです！

ハーブは体にいいだけでなくおいしい！
だから毎日毎食、ハーブ料理をこしらえています

「ハーブで料理」というと、ごく一部の薬物だけしか使えない？　いいえ、それは誤解です。たとえばセロリもキャベツも、メディカルハーブの一種。バジルやフェンネルなど「ザ・ハーブ」といった顔ぶれじゃなくてもＯＫです。

さらに、ハーブソルト（１００ページ）などハーブの調味料を常備しておくと、いつだって体によくておいしいハーブのごちそうが作れますよ。

パーティーの際は、キッチンのブラックボードにメニューを手書き。写真はハロウィン（110ページ）のときのもの。

初夏のさわやか ハーブパーティー

初夏になると、ハーブの収穫は真っ盛り！
庭から直送のハーブを中心に
献立を組み立てるのもこの時季のお楽しみです。

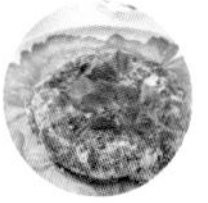

エルブドプロヴァンスの香る

スパニッシュオムレツ

1小さく切ったジャガイモ、玉ネギ、トマトなどをハーブオイルで炒め、エルブドプロヴァンス（タイム、ローズマリー、オレガノ、タラゴン、セージ、パセリ、チャービルが入ったハーブソルト）で調味する。2卵（４人分で３個）を割りほぐし、パルメザンチーズ適量を加えてフライパンに流し入れ、具材を入れてオムレツを作る。

ローズビネガーたっぷりの

ライスサラダ

1固めに炊いたご飯、細かく切った野菜類（トマト、アスパラガス、玉ネギ、レタスなど）をボウルに入れる。2同量のローズビネガーとオリーブオイルに、メープルシロップ、塩、こしょう各少々を加えて混ぜたドレッシングを作り、全体にかける。3いただく前にレモン汁をかける。

ティータイムのお供にも最適

カモミールスコーン

1薄力粉230g、ベーキングパウダー大さじ1、塩ひとつまみ、砂糖大さじ1、ドライのジャーマンカモミール5gをボウルにふるい入れる。2細かく切った食塩不使用バター70gを加え、さらさらになるまで指先でつぶしながら混ぜ込む。3 **2**に牛乳110㎖を加えて、手で丸めて（直径5㎝、8個分）表面に牛乳（分量外）を塗る。4200度のオーブンで15分焼く。

3分でできるサイドメニュー

インゲンとアンチョビのハーブソテー

1固めにゆでたインゲンをハーブオイルで炒める。2 **1**にアンチョビをほぐして加え、青魚用ハーブソルト（塩＋ローズマリー、タイム、オレガノ、パセリ）で味をととのえる。

ハーブデリカでランチボックス！

お天気がよい日はランチボックスを持ってお出かけ。
ハーブたっぷりのデリカを詰め合わせれば
満腹&美味&ヘルシー&楽しい！

1 大豆ミートで作るのもおすすめ！

バジルとミント風味の鶏唐揚げ

1鶏もも肉300g（または大豆ミート100gをお湯で戻したもの）を用意。鶏肉の余分な脂を取りひと口大に切り、塩・お酒各小さじ１でよくもむ。2ボウルに鶏肉、ナツメグパウダー・しょうゆ・牛乳を各小さじ1、コショウ・ニンニク適量、溶き卵少々を入れてもみ込む。3さらに生のバジルとペパーミント各ひとつかみをちぎったものを足して混ぜ込み、小麦粉１カップを投入して鶏肉にまぶす。4 180度の油でカラッと揚げて、ミントとバジルを飾る。

2 ハーブの香りがアクセントの
自家製ピクルスをトッピング

デビルドエッグ

1固ゆでにしたゆで卵２個を半分に切り、白身と黄身に分ける。2黄身とマヨネーズ小さじ２、マスタード小さじ1/2、ピクルス小さじ２のみじん切り、ドライパセリ小さじ１、コショウ少々をボウルに入れてよく混ぜる。3 **2**を白身のくぼみに盛り付ける。4 **3**にパプリカパウダーをかけ、イタリアンパセリを飾る。

3 ネトルで鉄分・じゃこで
カルシウムをチャージ

ネトルとシソの
ふりかけおにぎり

1フライパンにゴマ油少々を引き、ドライのネトル大さじ２、好みの量のじゃこ、ゴマとかつおぶしを各大さじ１、酒大さじ6、きび砂糖小さじ１、しょうゆ少々を入れ、水分がなくなるまで弱火で炒り煮する。2 **1**をご飯に混ぜ込み、おにぎりに。冷蔵庫で１～２か月保存可能。

4 スッキリ＆あま～い
ミントシロップが決め手！

フルーツカップ
withミントシロップ

1イチゴ、キーウィ、オレンジ適量をカットして、ミントシロップ（作り方は92ページ参照）をかける。2ミントの葉をあしらう。

Witch's Voice
ボックスや
カップは
100円ショップで！

料理の腕前を上げたいなら ハーブの調味料をそろえるべし！

ハーブオイル・ハーブソルト・ハーブビネガーはわが家の常備品！

私は料理に合わせてさまざまなハーブの調味料を使います。

100円ショップのおそろいのボトルで保管し調理中に手の届く場所に並べておきます。

見た目もおしゃれでかわいいでしょ？

ローズのハーブビネガー

バラの高貴な香りが、料理に華やかさを与えてくれる。オイルと混ぜてサラダのドレッシングにしたり、仕上げにひと振りして風味を楽しんだり。作り方は、清潔な広口瓶に、乾燥させたバラの花びらを口までいっぱいに入れ、リンゴ酢または白ワインビネガーも口まで注ぐ。１週間つけ込んでからこして、冷蔵庫で保存。

オレガノ・ローレル・バジル、唐辛子オイル
ピリ辛イタリアン用
バジル＆オレガノオイル
イタリアン用
ローズマリー＆タイムオイル
魚料理にピッタリ
バジル＆オレガノソルト
イタリアン用
ローズマリー＆タイムソルト
魚料理用
ローズソルト
サラダ・お菓子用
タイム＆オレガノソルト
ハンバーグ・肉料理用

ハーブバターを使った料理は家族全員の大好物！

冷蔵庫に常備しておけば、何かと役立つこと請け合いのハーブバター。トーストやカナッペもいいけれど、いちばんのおすすめはピラフ！　いつものお米と水に、ローリエ１枚、それに少しの塩と適量のハーブバターを加えて炊くだけで、ごちそうに！

作り方

ハーブを粗みじんにする。

1のハーブと加塩バター、コショウを混ぜて練る。冷凍保存もできる。

材料　イタリアンパセリ、タイム、チャイブ、ディルなど好みのハーブと加塩バター適量、コショウ少々。

冬のあったか
ハーブメニュー

寒い季節のいちばんのごちそうは
お皿から立ち上る
「おいしそうな湯気」なのかもしれません。
だから私は、ほっかほっかの
ハーブの献立をそろえるのです。
「ご飯よ！」と呼ぶと、夕餉《ゆうげ》の席に着く前から
湯気を見た家族の歓声が上がります。
そして私は、「してやったり！」と
魔女らしくほくそ笑むのです。

テーブルの真ん中には、こんがり焼いたガーリックトースト。冬でも収穫できるカーリーパセリは、添え物にするにはもったいない栄養と薬効たっぷりのハーブ。食欲増進、老廃物の排出、脂肪燃焼作用まで！

「ヒルデガルト風白身魚のパピヨット」（手前）は、尊敬するヒルデガルト（85ページ）のレシピをアレンジしたもの。パピヨット（包み焼き）はオーブンペーパーを開けるワクワク感もごちそう度をプラス。「ブロッコリーとコンキリエのあったかスープ」（右上）は、アンチョビとトウガラシに、オレガノの風味が利いたイタリアン。

ヒルデガルト風
白身魚のパピヨット

材料（2人分）　白身魚（今回はイナダ）の切り身2枚、ズッキーニ2本、ブルーチーズ50g、生クリーム大さじ1、ガランガル（別名「タイのショウガ」）少量（ショウガで代用可）・クミンシード少々、生のローズマリーの小枝（10㎝ぐらい）2本、塩小さじ2、コショウ少々、オリーブオイル大さじ2、オーブンペーパー（魚が包める大きさ）2枚。

作り方　1ズッキーニは粗みじんに切り、ゆでて水けを切っておく。2ソースパンにズッキーニを入れて炒める。3 **2**に生クリーム、塩、コショウ、ガランガル、クミンシードを入れて弱火で数分煮る。4 **3**に細かくほぐしたブルーチーズを加えてソースを作る。5オーブンペーパーにイナダを置き、ソースをかけて包み、210度のオーブンで15分焼く。6 **5**をお皿に盛りローズマリーを飾る。

ブロッコリーとコンキリエの
あったかスープ

材料（4人分）　ブロッコリー1株、コンキリエ1/2カップ、玉ネギ（みじん切り）1個、ニンニク1片（みじん切り）、トウガラシ1本、アンチョビ2枚、白ワイン大さじ3、野菜のスープストック大さじ1、トマトピューレ1カップ、オレガノ適量、ローリエ1枚、塩・コショウ適量、パルミジャーノ適量。

作り方　1玉ネギとニンニク、アンチョビ、トウガラシを鍋で炒める。2 **1**の鍋にコンキリエ、ワインも入れ、水（分量外）を全体が浸るほど加えて12分煮る。3ブロッコリー、トマトピューレ、野菜のスープストック、ローリエを入れさらに10分煮る。4最後にオレガノ、塩、コショウで味をととのえる。5 **4**を器に盛り、パルミジャーノをすってかけ、熱いうちにいただく。

Method

7

Herb Calendar

春・夏・秋・冬。魔女ならではの
四季の楽しみ方をお教えします

春
spring

さあガーデニングシーズン本番です。苗の植え付けをして寄せ植えを作らなくちゃ！

私は「Witch's Garden（魔女の庭）」と名付けた庭で、ハーブや草花、樹木を育てております。春は芽吹きの季節。日を追うごとに、グリーン度を増す庭に心躍ります。

庭だけではなく、2階ベランダのコンテナガーデンも元気いっぱいなのです（5ページを参照）。さらに、ハーブを入れ込んだ寄せ植え作りも、この時季のお楽しみ。植え込んだ植物たちが、我先にと育っていく愛らしさときたら！

冬の間、元和室前の縁側で、大事に育苗したミントやタイム。春に植え付けたら、夏や秋はもちろん、冬も貴重なフレッシュハーブとして活躍してくれます。

長期間収穫できるハーブの寄せ植え2種

春から秋までたっぷり収穫できるお得なハーブや、無農薬で育てればエディブルフラワーになる花などを選んで。

インドの伝統的医学アーユルヴェーダでは、「不老不死の霊薬」と称えられるホーリーバジルに、何かと使えるタイムやチャイブを従えて。

Witch's Voice

ワイヤープランツやタイムなどぶら下がり系をアクセントに！

ピンクのペチュニアの花に加え、ヒソップ、ヘリクリサム、シナモンゼラニウムの花が次々と後に続き、変化を楽しめるひと鉢に。

夏
summer

夏はハーブがモリモリ育つ収穫シーズン！
同じくらい待ったなしなのが日焼け対策ですね

夏の「Witch's Garden」は、ともかくにぎやか！　庭のそここからハーブたちが花や葉をのぞかせ、「そろそろ採り時だよ」と猛アピール。毎日、庭からの直送便が食卓に上ります。

日々、庭に出ていると、地球温暖化で凶暴さを増した日ざしが肌を直撃します。夏のスキンケア対策は、ハーブを原材料にしたローションやパウダーを活用。とても使い心地がよいので、ぜひあなたもお試しを。

ある夏の日の収穫。（上段右から左へ）ローズマリー、バジル、ルッコラ、ボリジ、ディル、ラベンダー、オレガノ。（下段）カーリーパセリ、イタリアンパセリ、ミント４種、セージ、チャイブ、タイム、レモンバーム。

日焼けのケアに！ラベンダーローション

ラベンダーのチンキはいろいろと役立ちます。ぜひ仕込んでみて！　ドライのラベンダーを容器の口まで入れ、ホワイトリカーやラム酒など、アルコール度数40度以上の蒸留酒を、ラベンダーがしっかりつかるまで注ぎ、冷暗所で熟成。約２週間ででき上がり。

材料　ラベンダーのチンキ30mℓ、精製水70mℓ、グリセリン10mℓ、150mℓの遮光瓶。
作り方　**1**グリセリンと精製水を混ぜる。**2** **1**と、ラベンダーのチンキ（ない場合は、濃いめに出したラベンダーティーで代用可能）を混ぜ合わせる。

日焼けを鎮める美白パック

夏の厳しい日ざしで焼けてしまった肌のお手入れは、速攻で！　ハーブには肌のケアに最適なものがたくさんあります。「皮膚のガードマン」の異名をもつカレンデュラ、エイジングケア効果が期待できるレッドローズをホワイトクレイに混ぜ込んだ美白パックを作りましょう。

材料　ドライのカレンデュラ・レッドローズひとつまみずつ、ホワイトクレイ1/2カップ、精製水・植物油適量。
作り方　**1**ハーブ類はコーヒーミルで紛末に。**2**ホワイトクレイと１を大さじ１加えたものに精製水を少量ずつ加え、ペースト状にし、植物油を数滴プラス。

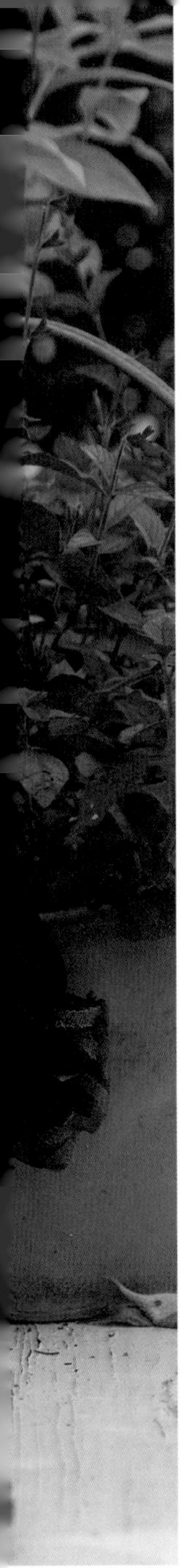

秋
autumn

晩秋に訪れる魔女の一大イベント ハロウィンとは魔女の大晦日のこと！

紅葉が深みを増し、季節の変わり日を感じる10月31日。魔女の源流であるケルトの暦では、「魔女の大晦日」なのです！

この日、魔界のドアが開き、先祖の霊や精霊たちがこの世にやってきます。私も魔女のはしくれとして、毎年この日をにぎにぎしくお祝いするのです。

今回は大小さまざまなカボチャを13個、キャンドルを75個用意。もちろん、ハロウィンならではのごちそうも抜かりなく。家族や知人、そして姿の見えないゲストたちも、きっと満喫してくれることでしょう。

魔界からハーブ魔女の家まで、迷わずにお運びを……。祈りを込めて、道案内のキャンドルを庭に置きます。

Witch's Voice

毎年カボチャは
花卉《かき》市場から
仕入れます

ハロウィンパーティーをするようになったのは、アメリカに住む長女から本場のグッズが届くようになった15年くらい前から。家の中は言うまでもなく、メインガーデンやガレージガーデンまですべてハロウィン一色に！

魔女の大晦日の掟《おきて》①
キャンドル

ともかくキャンドルをたくさん！

魔女の大晦日は、古い灯《あか》りを消し
11月1日の「魔女の元日」と共に
新しい灯りをつけて祝ってきました。
なのでハーブ魔女は
何度か使ったろうそくを利用して
クレヨンキャンドルを作るのが
習わしです。
市販のキャンドルも加え
家じゅう、ありとあらゆる場所で
オレンジ色の灯りが
揺れてこそのハロウィンですから。

うふふ…
この日を
一日千秋の思いで
待っていたわ

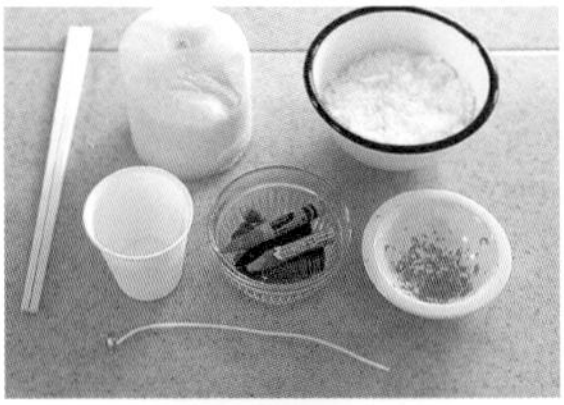

リーズナブル！
クレヨンキャンドルの作り方

材料　小さくなってしまったろうそくと、小さくなったクレヨン（いずれも細かく削る）適量。そのほかキャンドル芯、紙コップ、割りばしを用意。

作り方　**1**空き缶やボウルなどに削ったろうそくを入れ、鍋にお湯を張って湯煎で溶かす。**2** **1**に削ったクレヨンを入れて着色。**3**紙コップにキャンドル芯を立て、割りばしで挟んで固定。**4** **3**に**2**を流し入れ、数時間放置。**5**ろうそくが冷えて固まったら、紙コップをはがして取り出す。

魔女の大晦日の掟②

魔界からの道しるべ

「夜道にお気をつけて、迷わず来てくださいね」

なにせ魔界に住まう方々をお招きするのですから慣れないこの世で道に迷われることもあるでしょう。ハーブ魔女家では、「どうぞこちらからお入りください」とキャンドルの灯でご案内。ハロウィンメニューの数々も道に直結する部屋に用意します。

晩秋の庭には枯れ葉・枯れ枝がいっぱい。安全面を考えて、こちらの灯りはLEDのもの

魔女の大晦日の掟《おきて》③

キッチンウイッチのほうき

ボロボロになったほうきを新調

キッチンウイッチのほうきは
1年間キッチンで飛び続けてボロボロに。
魔女の大晦日には
感謝を込めて新しいほうきをプレゼント。
庭直送のタイムとローズマリーの
小枝で作りました。

魔女の大晦日の掟④

ソウルケーキ

多くの善良な魂が
苦しみから解放されることを祈りつつ…

シナモンやナツメグなどの
スパイスやナッツがたっぷり入った
ボリューム満点のお菓子。
最大の特徴は、真ん中に刻まれた十字。
ご先祖さまの霊を慰めるために
作られてきたのだといいます。

ソウルケーキに入れるスパイスは、クローブ、シナモン、ナツメグ、ジンジャー、オールスパイスなど。ハロウィンの伝統的な菓子はほかに、ドライフルーツをたっぷりと入れたバームブラックも。またアメリカでは、棒に刺したリンゴにキャラメルをかけたキャラメルアップルが定番。

魔女の大晦日の掟⑤

パンプキンメニュー

もともとは収穫祭だったハロウィン。
カボチャをたくさん食べましょ！

ハロウィンパーティーといえば
カボチャ料理でしょう。
お任せください！
カボチャの種のハーブライスに
カボチャのクリームスープ
カボチャとマッシュルーム＆
ズッキーニのグリル。
山ブドウのマフィンも
カボチャの種入りですよ。

もちろん
特大パンプキン
パイも！

冬
winter

冬といえば〝あの行事〟も欠かせません。魔女だって「メリークリスマス！」

魔女の大晦日を終えたら、大急ぎでクリスマスの準備です。私はクリスマスも大好き！　まず、アメリカ流に、家族の写真やグラスボールを飾った大きなツリーを据えます。

そして、赤いキャンドルを灯《とも》して、皆で聖夜のディナーに舌鼓。そしてクリスマスを終えたら、速攻でお正月仕様に……。冬は、うれしいてんてこ舞いの連続です！

チキンのハーブグリル・クリスマスバージョンの焼き上がり！　クリスマスディナーもハーブたっぷりですよ。

クリスマスのテーブルは、赤・緑・白を主役にするのがお約束。

赤の一端を担うのは、庭から摘んできた鮮やかなローズヒップ。

毎年、料理やデザート作りにも趣向を凝らします。クリスマスパーティー歴はハロウィンよりずっと長くて、約半世紀くらい。

Christmas illumination

わが家のイルミネーションは、もう20年以上も続いているクリスマス行事。アメリカから送られてきたイルミネーションを、庭や建物全体をパッケージするように夫が設置してくれます。凍てつく夜も、暖かい灯《あか》りに包まれると、幸福感が胸に満ちて……。

Method

8

Green Pharmacy

最後に魔女の薬箱に必ずある
おススメのハーブ16種をご紹介!

Green pharmacy 1

エルダーフラワー *elder flower*

育てやすさ　**活用シーン**

掲載ページ p.76／p.79／p.83／p.84／p.91

効能　発汗促進／利尿／抗アレルギー／鎮痙／のどの痛みなどのカタル症状、風邪、花粉症、憂うつ症状の改善など。※花のみ使用。葉や茎には毒性があるので使用しない。
用い方　風邪や花粉症のカタル症状に…濃いめにいれたティーを飲む。／保湿ローション…チンキ10mℓに精製水35mℓとグリセリン５mℓを混ぜる。／コーディアル…ドライのエルダー大さじ２を水200mℓで加熱し、沸騰したらふたをして５分。砂糖大さじ３を加え10分、さらにレモン汁1/2個分を足して１分煮る。
エルダーフラワーは「魔女が好む木」として、魔女信仰ともゆかりの深い木。また、ヨーロッパ、アメリカの先住民族の伝統医学にもよく登場。「田舎の薬箱」とも呼ばれていました。

Green pharmacy 2

エキナセア *echinacea*

育てやすさ　**活用シーン**

掲載ページ p.38／p.43

効能　抗ウイルス／抗炎症／免疫力の活性化／風邪などの感染症対策／免疫力アップ／アレルギー症状の緩和など。※キク科アレルギーのある方や妊婦は控える。
用い方　風邪の初期症状に…エキナセアのチンキ小さじ1/2を、熱湯でアルコール分を飛ばし、１日３回飲用。／風邪のカタル症状や花粉症対策…エキナセア、ネトル、エルダーフラワーのブレンドティーを飲む。／ニキビ、肌荒れローション…エキナセアチンキ20mℓ、精製水35mℓ、グリセリン５mℓ、ラベンダー精油５滴を混ぜる。
アメリカ先住民族は、エキナセアを毒蛇にかまれたときや、重い病気などに使っていたとか。

Green pharmacy 3

オレガノ *oregano*

育てやすさ　　**活用シーン**

掲載ページ p.43／p.97／p.100／p.104

効能　抗菌／殺菌／呼吸器系のトラブル緩和／強壮作用／ストレス緩和など。

用い方　ルームスプレー…オレガノのチンキ10mℓと精製水40mℓを混ぜたものをスプレー。／せきや鼻水などカタル症状の緩和…小さじ1/2のチンキをそのまま、もしくはお湯で割って服用。／ストレス緩和…フェンネルティーにオレガノのチンキ小さじ1/2を入れて飲む。／青魚用ハーブソルト…岩塩20gにドライのオレガノ、ローズマリー、タイム、パセリを各小さじ1/4を混ぜる。

学名の「Origanum」はギリシャ語で「山の喜び」を意味し、古くから幸せを象徴するハーブだったそう。欧米では「天然の抗生剤」とも呼ばれ、呼吸器系の不調によく用いられます。

Green pharmacy 4

カレンデュラ *calendula*

育てやすさ　　**活用シーン**

掲載ページ p.19／p.24／p.43／p.52／p.56／p.63／p.76／p.109

効能　収れん／消炎／抗菌／抗ウイルス／発汗作用／皮膚粘膜の保護など。※キク科アレルギーのある方や妊婦は控える。

用い方　粘膜保護、胃炎や胃潰瘍の改善…カレンデュラの花のティーを飲用。／うがい薬、肌荒れローション…チンキ５mℓを精製水50mℓに薄めて使用。／赤ちゃんのオムツかぶれジェル…カレンデュラチンキ１mℓ、アロエジェル９mℓ、精油のラベンダー２滴を白濁するまで攪拌《かくはん》。／エディブルフラワー…葉や花はサラダに、種は酢漬けにする。

カレンデュラの学名「Calendula」は「月の初めの日」を意味し、カレンダーの語源だとか。「時を知らせる花」とも呼ばれるほか、「魔法を宿すハーブ」「皮膚のガードマン」などの異名も。

Green pharmacy 5

ジャーマンカモミール *german chamomile*

育てやすさ　　**活用シーン**

掲載ページ p.52／p.53／p.63／p.64／p.76／p.79／p.84／p.97

効能　消炎／鎮痙／鎮静／抗アレルギー／血行促進／創傷治癒／精神安定／安眠／頭痛、消化器障害、花粉症、月経前症候群の緩和など。※キク科アレルギーのある方や妊婦は控える。　用い方　ストレス性の胃痛…ドライのジャーマンカモミールとペパーミントをブレンドしたティーを飲用。／創傷用クリーム剤やハンドクリーム…ジャーマンカモミールのチンキ大さじ１をミツロウ小さじ１に混ぜ込む。花粉症のとき、お茶に溶かして飲んでも。

最大の魅力は、青リンゴに似たさわやかな香り！　幼児から使えるやさしいハーブで、「マザーズハーブ」として慕われています。さらに近くにある植物を元気にするコンパニオンプランツでもあり、別名「植物のお医者さん」。

Green pharmacy 6

セージ *sage*

育てやすさ　　**活用シーン**

掲載ページ p.14／p.15／p.22／p.43／p.44／p.48／p.57／p.70／p.86／p.96

効能　のどのトラブル緩和／収れん／殺菌／発汗抑制／更年期障害の緩和／循環刺激など。
用い方　うがい剤（のどの痛みや歯肉炎などに）…セージのチンキ５㎖を水50㎖で薄めてうがいをする。／白髪対策のヘアリンス…濃いめのティーをつくり、人肌程度に冷えたらリンス剤に。フケにもよい。

わが家では、誰かがせきをしたらセージの出番。特に高校生の孫息子は、よくお世話になっています。のどまわりのことばかりでなく、空気や心身の浄化作用もあるので、スプレーも常用中。学名の「Salvia」の救うという意味の通り、いつも窮地を救ってくれる、わが家には欠かせないハーブです。庭でたくさん育て、絶え間なくドライにしています。

Green pharmacy 7

タイム thyme

育てやすさ　**活用シーン**

掲載ページ p.18／p.97／p.100／p.107

効能　抗菌／殺菌／防腐／鎮痛／消毒／去痰／利尿／消化不良、気管支炎、感染症の改善／風邪予防／記憶力や集中力の向上など。※高血圧の方は、長期にわたる使用は避ける。

用い方　消化不良や気管支炎、風邪症状の予防に…ティーを飲用。／空気清浄作用…生のタイムを束ねて吊るし、自然にドライハーブにすると、空気をきれいに。そのまま魚料理などに、スパイスとしても利用できる。

「勇気」と「消毒」の象徴だったタイムは、古代エジプトではミイラの防腐剤として使われていました。料理によく使われるコモンタイムは強い殺菌力があり、保存食や魚料理に使うのがおすすめ。加熱調理しても、よい香りが飛ばないのも魅力です。

Green pharmacy 8

ダンデライオン dandelion

育てやすさ　**活用シーン**

掲載ページ p.76

効能　肝機能向上／便秘、貧血、むくみ改善／老廃物の排泄／胆汁分泌の促進／胃の働きを強化など。※キク科アレルギーのある方や妊婦は控える。既往症のある方は事前に医師に相談。

用い方　エディブルフラワー…葉、花はサラダ、パスタなどに。根は乾燥させて煎り、ノンカフェインコーヒーとして楽しめる。／肝機能向上、便秘解消、貧血対策…根や葉をハーブティーに。食物繊維や鉄分が豊富なので、便秘や貧血にもよい。

ダンデライオン＝西洋タンポポは繁殖力が強く、今は日本タンポポよりよく見かけます。利尿作用もあるため、ヨーロッパでは「おねしょのハーブ」とも呼ばれています。

Green pharmacy 9

ネトル *nettle*

育てやすさ　**活用シーン**

掲載ページ　p.15／p.98

効能　消炎／利尿／浄血／造血／抗アレルギー／アトピー、花粉症、リュウマチの改善／血糖低下など。

用い方　貧血やアレルギー、春季療法（春の不調）対策…ティーにして飲用。／鉄分補給…ドライのネトルを、じゃこやゴマなどと一緒にふりかけに。

ネトルは、古代ギリシャ時代に薬効が発見されたハーブ。以来、ヨーロッパでは重要なハーブとなりました。血液や体液を浄化するとともに、尿酸や老廃物を尿とともに排泄する手助けをします。体内の循環をよくすることから、母乳の分泌を促す効果も期待できます。また、鉄分、葉酸、ビタミンＣが豊富なネトルは、貧血予防にも有効です。

Green pharmacy 10

フェンネル *fennel*

育てやすさ　**活用シーン**

掲載ページ　p.29／p.39／p.43

効能　消化をサポート／腸内ガスの排泄／利尿／発汗／むくみの軽減／母乳の分泌促進／視力回復／眼精疲労の緩和など。

用い方　消化器系の不調…フェンネルのチンキ小さじ1/2を１日３回飲用。／眼精疲労…洗面器にお湯を満たし、フェンネルのチンキを10㎖入れ、タオルを浸す。タオルを絞って目を温湿布。１日に数回が目安。

フェンネルの生薬名は「茴香（ウイキョウ）」。漢方では、健胃薬として扱われます。同じくメディカルハーブの世界でも、消化器系をサポートするハーブとして欠かせないものです。中世では、神聖なる教会のお祈りの時間に腹痛を起こさぬようにと、フェンネルの種をかんでいたのだといいます。

Green pharmacy 11

ペパーミント peppermint

育てやすさ **活用シーン**

掲載ページ p.22／p.50／p.84

効能　鎮静／賦活（活力を与える）／駆風（体内のガスを抜く）／鎮痙（痙攣を抑制）、強肝／吐き気、胸焼け、頭痛、花粉症、アレルギー症状の緩和など。※幼児には使用しない。　用い方　乗り物酔い・吐き気止め…ペパーミントティーを飲用。リラックス効果も。／お菓子作りや料理に…ドライをパウダー状にしておくと便利。／ルームスプレー・消臭スプレー…ペパーミントチンキ10mℓ＋精製水30mℓ＋無水エタノール10mℓを混ぜてスプレー。

ミント類は交雑種類が多く、その数600種類ともいわれています。なかでもペパーミントはさわやかなメントールの香りが特徴。メディカルハーブとしてだけでなく、ポプリなどのクラフトや、お料理にもと、幅広く活用できます。

Green pharmacy 12

ラベンダー lavender

育てやすさ **活用シーン**

掲載ページ p.15／p.17／p.20／p.43／p.52／p.53／p.54／p.58／p.61／p.63／p.64／p.68／p.86

効能　鎮静／鎮痙／抗菌／殺菌／防虫／損傷治癒／血圧降下／頭痛、不眠、神経痛の緩和／自律神経を整えるなど。※妊婦や授乳中の方、乳幼児やてんかんの患者は使用を控える。用い方　不眠・不安の解消や消化促進に…ティーにして飲用。／安眠効果…ドライのラベンダーでハーブピローを作る。／ケーキの飾りやティーに浮かべるクリスタライズド（シュガーコート）…作り方は86ページ参照。

ハーブの中でも特に魅力的なハーブ！　紀元前550年頃には薬効があることが知られていましたが、同時にその姿と香りで、多くの人々を魅了し続けています。ラベンダーにはいくつか種類があり、特にイングリッシュ系のラベンダーが香り高く、精油含有量が多いようです。

Green pharmacy 13

レモングラス *lemongrass*

育てやすさ　**活用シーン**

掲載ページ p.61／p.63

効能　健胃／駆風／抗菌／抗真菌／消毒／血行促進／疲労回復／肩こり、筋肉痛、冷え性、感染症の改善

用い方　リラックス＆活力アップ効果…ティーを飲用。心が沈んだときや、元気を出したいときなどにもぜひ。／肩こりや筋肉痛の軽減…レモングラスのチンキ３㎖をアロエジェル20㎖に混ぜ込んだジェルを患部に塗る。ホホバオイル５㎖にレモングラスのチンキ３㎖を混ぜてマッサージオイルにしても。

レモングラスは、エスニック料理に欠かせないハーブであると同時に広くアジアに伝わる薬用植物。インドの伝統的医学では、古くから感染症と熱病に処方されてきました。入浴剤、防虫剤としても使われたそうです。

Green pharmacy 14

レモンバーム *lemon balm*

育てやすさ　**活用シーン**

掲載ページ p.39／p.55／p.63／p.65

効能　うつ症状の緩和／不眠、胃痛、頭痛の改善／精神の安定／血圧降下など。

用い方　五月病に…ティーを飲用。／不眠対策…就寝前、ジャーマンカモミールとブレンドしたティーを常温で飲む／バスソルト…塩200g、ドライのレモンバームとマローブルーにグリセリン、スイートアーモンドオイル（いずれも少量）をブレンド。

「生命のエリキシル（不老不死の霊薬）」ともいわれ、若返りのハーブとして名高いレモンバーム。11世紀の医師、科学者であるイブン・スィーナーは『医学典範』に「心を明るく陽気にさせる」と記しています。またギリシャ語でミツバチを意味する「メリッサ」の呼び名もあり、蜜源植物として珍重されてきました。

Green pharmacy 15

ローズヒップ rose hip

育てやすさ　**活用シーン**

掲載ページ p.17／p.43／p.50／p.76／p.79／p.91／p.117

効能　美肌効果／体内の活性酸素を除去／免疫力アップ／二日酔いの改善／便秘解消など。

用い方　二日酔いの改善…ローズヒップチンキ小さじ1/2を数回飲む。／美容液…７㎖のロールオンボトルに、アルガンオイルとローズヒップオイル各２㎖＆ローズヒップチンキ３㎖を入れて混ぜる。／便秘解消ティー…ダンデライオンのハーブティーにローズヒップチンキ小さじ1/2を入れる。

セイヨウノイバラ（ドッグローズ）の実であるローズヒップは、別名「北国のレモン」。北ヨーロッパでは冬の間のビタミンC不足を補うために、ハーブティーとしてよく飲まれます。

Green pharmacy 16

ローズマリー rosemary

育てやすさ　**活用シーン**

掲載ページ p.15／p.17／p.39／p.43／p.48／p.51／p.52／p.53／p.62／p.65／p.97／p.100／p.104／p.107

効能　血液循環を改善／集中力・記憶力アップ／抜け毛防止＆育毛対策／肩こり・腰痛の緩和など。※高血圧症の方と妊婦は多量に使用しない。

用い方　育毛＆フケ・抜け毛対策…シャンプーやリンスにローズマリーチンキ小さじ１を入れる。／集中力を高める（呼吸器の不調にも）…ローズマリーチンキ小さじ1/2を、熱湯でアルコール分を飛ばして飲用。／筋肉痛や関節痛の緩和…ホホバオイル５㎖＋ローズマリーチンキ小さじ1/2を混ぜてマッサージオイルに。

ローズマリーは、花の咲きやすい品種と咲きにくい品種が。苗の購入時にはチェックを。

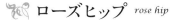

STAFF
取材・編集　河村ゆかり
撮影　飯貝拓司
　　　高津祐子　根岸佐千子　山口敏三
イラスト　シホ
デザイン　小林宙（COLORS）
校正　福島啓子
企画担当　髙橋薫

本書は『私のカントリー』（主婦と生活社刊）に掲載した記事に新たに取材を重ねたうえで再構成しています。

※既往症のある方、傷病治療中の方、妊娠中の方、授乳中の方、特定の植物にアレルギー症状の出る方、体質に不安のある方は、ハーブの利用に先立ち、かかりつけの医師にご相談ください。また、ハーブは一部の例外を除き、原則として乳児には用いず、幼児は半量にしてご使用ください。
※ヘルスケアやハウスキープ、さらにマジカルなメソッドや、8章の「おススメのハーブ」などにはハーブに期待する効果・効能を書き添えました。しかし、これらは病気治癒や体質改善、呪術的効果などを保証するものではありません。
※食用に利用するハーブやエディブルフラワーは、食用として販売されているものやご家庭で無農薬（もしくは低農薬）栽培により育てられたもの用いましょう。園芸店の花を食用にするのは避けてください。

福間玲子
（ニックネーム：ハーブ魔女）

1947年生まれ。母の介護をきっかけにメディカルハーブを学びはじめ、カナディアンハーバルセラピスト、アロマテラピーインストラクター、ハーブアドバイザー、英国王立園芸協会認定コンテナマスター・ハンギングバスケットマスター、グリーンアドバイザー、オリーブオイルシニアソムリエなど多数の資格を取得。自宅でハーバルレッスン講座「Witch's Garden」を主宰し、メディカルハーブやアロマテラピーの実践的活用法や、ハーブ料理、ハンギングバスケットやコンテナへの寄せ植えのクラスを指導。現在は猫や植物に囲まれて、家族とのんびりハーバルライフを満喫中。

魔女の庭で見つけたハーブの魔法

著　者　福間玲子
編集人　東田卓郎
発行人　倉次辰男
発行所　株式会社　主婦と生活社
〒104-8357 東京都中央区京橋3-5-7
https://www.shufu.co.jp
編集部　☎03-3563-5129
販売部　☎03-3563-5121
生産部　☎03-3563-5125
製版所　東京カラーフォト・プロセス株式会社
印刷所　大日本印刷株式会社
製本所　株式会社若林製本工場
ISBN978-4-391-16199-1